科普惠农实用技术丛书

中蜂高效饲养技术

罗岳雄 ◎ 主编 | 

第二版

中国农业出版社
北京

编写人员

主　编：罗岳雄

参　编：赵红霞　张惠霞

　　　　匡海鸥　刘　芳

第二版前言

养蜂业是现代农业一个重要的组成部分。养蜂除了能获得有益于人类健康的蜂产品外，通过蜜蜂对农作物授粉，还能有效地提高农作物的产量，改善水果等农产品的质量。

饲养蜜蜂，不用粮、不争地、不污染环境，是适宜农村的一种投资少、见效快、效益高的养殖业。

中华蜜蜂，简称中蜂，是我国境内东方蜜蜂的总称，是我国土生土长的蜂种。在国内除新疆外，其他各省都有分布，对当地的自然条件十分适应。

我国植物种类繁多，其中蜜蜂赖以生存的蜜源植物丰富，广泛分布于山区、丘陵地带，很适于中蜂的繁衍和蜂产品的生产，为中蜂的饲养提供了得天独厚的条件。

在山区，很多农户有饲养蜜蜂的习惯，

但缺乏科学的饲养管理技术，蜜蜂处于自生自灭的状态，蜂蜜产量低，经济效益差。

为发展我国的养蜂业，开发和利用山区资源，扶持山区农户发展经济，巩固脱贫攻坚成果，特编写本书。书中内容主要介绍中蜂的重要生物学特性和科学饲养管理技术，着重实用性、通俗性。为帮助读者理解，本书以广东省的中蜂饲养为案例进行阐述，其他地区可根据当地实际情况参照应用。

本书自2016年出版第一版以来，深受广大养蜂朋友的欢迎。但随着养蜂技术的发展和产品质量要求的提高，第一版已不能全面展示当前中蜂饲养的技术要求，因此有必要进行修订。

尽管作者以40多年从事中蜂科研工作的点滴积累编写本书，但因水平所限，书中不足之处在所难免，恳请读者予以指正。

本书再版得到国家蜂产业技术体系的支持，在此表示感谢！

编　者

2025年春

第一版前言

养蜂业是现代农业一个重要的组成部分。养蜂除了能获得有益于人类健康的蜂产品外，通过蜜蜂对农作物授粉，能有效地提高农作物的产量，是农村一项投资少、见效快、效益高的养殖业。

饲养蜜蜂不用粮、不争地、不污染环境，是经济落后山区农民利用本地资源发展经济脱贫致富的一条好门路。

中华蜜蜂简称中蜂，是中国境内东方蜜蜂的总称，是我国土生土长的蜂种，在我国除新疆外，其他各省份都有分布，对当地的自然条件十分适应。

中国地大物博，植物种类繁多。蜜蜂赖以生存的蜜源植物丰富，广泛分布于山区、丘陵地带，很适于中蜂繁衍和蜂产品生产，为中蜂饲养提供了得天独厚的条件。

在山区，很多农户有饲养蜜蜂的习惯，

但缺乏科学的饲养管理技术，蜜蜂处于自生自灭状态，产量低，经济效益差。

为发展我国的养蜂业，开发和利用山区资源，扶持山区农民发展经济，推动精准扶贫，是本书编写的目的。本书主要介绍中蜂科学饲养管理技术，突出实用性、通俗性；为便于读者理解，本书以饲养中蜂为主的广东省为案例进行阐述，其他地方可参照应用。尽管作者以35年从事中蜂科研工作的积累编写本书，但因水平所限，错误在所难免，请读者多予指正。

本书的出版得到国家蜂产业技术体系、广东省野生动物保护与利用公共实验室、广东省农业害虫综合治理重点实验室、中蜂科学高效饲养技术科技服务平台和中蜂健康高效科学养殖技术推广与示范项目的支持，在此一并致谢！

编　者

2016年初春

目录

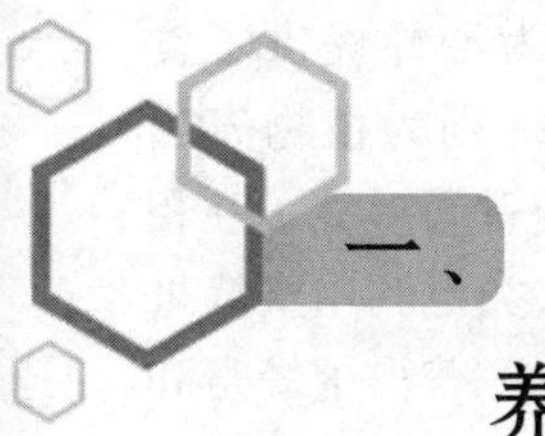

一、养蜂业的作用

（一）蜜蜂在生物多样性中的重要性

蜜蜂在地球上出现已经有上亿年历史了，它在漫长的进化过程中，与植物协同进化，形成了密不可分的关系。蜜蜂为了本身的生存和繁衍，在长期的自然选择中，形成了采集植物分泌的花蜜和花粉（图1-1），并贮存在蜂巢内的生物学特性。蜜蜂在采集花蜜和花粉的同时，也为植物传播花粉，使植物受精结实，繁衍后代。同时，通过花粉的传播，实现了植物不同基因的转移，促使植物出现遗传多样性，丰富了大自然中植物的种类，形成了自

图1-1　蜜蜂采集花粉（仇志强摄）

然界生态的多样性。总之，植物为蜜蜂提供了食物，使蜜蜂得以生存繁衍；而蜜蜂则为植物充当“媒人”，使植物得以传宗接代，两者间形成了互相依赖、互惠共生的关系。此外，人类也利用蜜蜂采集和贮存花蜜、花粉的生物学特性，获得了蜂蜜和花粉等蜂产品。

在自然界中，蜜蜂是理想的授粉昆虫之一。蜜蜂为了满足采集花粉的需要，其身体逐渐形成了具有适应性的特化构造，全身披满了绒毛，有的绒毛末端还呈现分叉状，使花粉只要接触到蜜蜂的身体，就会被牢牢地粘在绒毛上。蜜蜂的足还特化出专门用于采集花粉的花粉刷、花粉栉和花粉耙等构造，后足还特化出用于收集和携带花粉的花粉蓝。蜜蜂以特化的身体构造和采集的专一性，通过数量优势和高速飞行为同一种植物进行异花授粉。

植物为了吸引蜜蜂授粉，在进化过程中也逐渐从形态构造和生理上产生了适应性变化，如花朵构造、颜色、香味、花粉、花蜜等。可见，蜜蜂与植物之间的关系是协同进化、相互依存的双生关系。

近代科学研究表明，植物遗传多样性形成的主要原因是基因突变及基因转移。蜜蜂在传播花粉的过程中是基因转移的载体，对植物近缘种的形成起着极其重要的媒介作用。地球上之所以有丰富多样的植物种类，蜜蜂起到了重要作用。蜜蜂的授粉活动，不仅直接改善了生态环境，也间接给草食动物提供了丰富的食物，而草食动物的增加又为肉食动物提供了充足的食物来源，因此，蜜蜂授粉是大自然保持生态多样性的一个重要因素。

如果没有蜜蜂为植物高效授粉，一些植物资源的数量会逐渐减少，特别是野生植物资源受到的影响会更加严重，甚至会导致植物品种的灭绝，进而改变整个生态体系。我国是生态十分脆弱的国家，全国正在大力提倡生态恢复和保护以及生态文明建设，因此，发展养蜂业可以为国家正在实施的各种生态工程和生态文明建设起到巨大的推动和促进作用。

（二）养蜂业在现代农业中发挥的重要作用

人类要生存，就要从大自然中获得充足的食物，如粮食、蔬菜、油料和水果等，而这些食物主要来自植物。在人类所利用的 1 330 多种植物中，有 1 100 多种需要蜜蜂授粉，而对人类极为重要的 115 种农作物中有 87 种离不开蜜蜂授粉。

生物具有杂交优势，而蜜蜂为植物杂交提供了载体，使植物的杂交后代比亲代表现出了更强大的生长优势，如生长速度和代谢功能等，导致植物体形增大、器官发达、结实率提高、产品品质改善，蛋白质、糖等营养物质的含量得到提高。

饲养蜜蜂的最大效益是为农作物授粉，使农作物的产量提高。很多发达国家，把蜜蜂授粉作为提高农作物产量的措施之一，非常重视蜜蜂为农作物授粉的研究和应用推广。在美国，在饲养的 400 多万群蜜蜂中，每年有超过 100 万群蜜蜂被农场主用于为上百种农作物授粉。美国每年蜜蜂直接生产的蜂产品价值约1.4亿美元，而利用蜜蜂为农作物授粉，使农作物增产的价值高达190亿美元，是蜂产品价值的130多倍。

蜜蜂是一种营社会性生活的昆虫，在形态结构上，具有专门适应采集花粉的生理构造。一只蜜蜂在每次采集活动中可“拜访”几朵到几十朵花，每天可进行几次到几十次采集活动，可见蜜蜂的授粉能力是相当强大的。植物通过蜜蜂授粉之后，能大大地提高结果率，产量得到大幅度提高。此外，蜜蜂还具有采集专一、贮存饲料、可转地饲养和可进行采集训练等特点，因此，蜜蜂是最理想的农作物授粉者，是当之无愧的植物“红娘”。国内外利用蜜蜂为植物授粉的增产效果见表1-1和表1-2。

表1-1　不同国家利用蜜蜂为植物授粉的增产效果

作物名称	增产率（%）	试验国家	作物名称	增产率（%）	试验国家
棉花	18～41	美国	苹果树	209	匈牙利
大豆	14～15	美国	梨树	107	意大利
油菜	12～15	德国	梨树	200～300	保加利亚
向日葵	20～64	加拿大	樱桃树	200～400	德国、美国
洋葱	800～1 000	罗马尼亚	巴达姆	600	美国
黄瓜	76	美国	紫花苜蓿	300～400	美国
西瓜	170	美国	野豌豆	74～229	美国
黑莓	200	瑞典			

表 1-2　我国利用蜜蜂授粉的增产效果

作物名称	增产率（%）	作物名称	增产率（%）
油菜	26～66	荞麦	50～60
向日葵	34～48	水稻	2.5～3.6
大豆	92	棉花	23～30
砀山梨	800～900	苹果	71～334
甜瓜	200	蜜橘	200
柑橘	25～30	西瓜	170
龙眼	149	李子	50.5
猕猴桃	32	荔枝	248
甘蓝	1 820	莲子	24.1
紫云英	50～240	油茶	87～98
砂仁	88	沙打旺	30

此外，蜜蜂在采集过程中，把花粉从一朵花带到另一朵花，或从一棵树带到另一棵树，造成异花授粉，形成一个杂交过程，使植物后代产生杂交优势，提高了果实和种子的品质（如果实大、种子饱满、畸形少，果实和种子中的蛋白质、糖分及脂肪的含量增加等）。

随着设施农业的快速发展，蜜蜂授粉已在设施农业中大量应用，如蔬菜制种和温室栽培黄瓜、西瓜、草莓、番茄等的授粉。以前多用人工授粉的方法来提高坐果率，进而提高产量，但由于劳动力成本的增加，致使生产成本大幅度提高；且由于人工授粉不均匀，授粉时间不好掌握，所以费工费力。

利用蜜蜂授粉，既可以节省劳动力成本，又可以提高产品的品质，大大地提高了经济效益。

此外，随着农业生产上农药的施用量越来越多，造成自然界中能为农作物授粉的野生昆虫种类越来越少，因此，利用蜜蜂为农作物授粉显得尤为重要。

综上所述，利用蜜蜂为农作物授粉，是一项不增加耕地面积、生产投资和劳动力，事半功倍的增产措施。因此，养蜂业具有众多优势，是现代大农业实现可持续发展的一个重要组成部分。

（三）养蜂业对发展山区经济的作用

山区由于受各种条件的限制，经济相对落后，但有着丰富的蜜粉源植物资源，对发展养蜂业具有得天独厚的优势，因此，山区农户可利用当地蜜粉源植物资源，开展养蜂生产。特别是山区农户不需要背井离乡，在自家房屋周边即可进行养蜂（图 1-2），增加收入，甚至可以致富。因此，养蜂是一项很适于山区巩固脱贫攻坚成果的养殖业（图 1-2）。

养蜂不占用耕地、不产生污染，具有投资少、见效快、效益高、可持续性强的特点。与其他养殖业不同的是，饲养蜜蜂收获的是蜜蜂生产的产品，而不是蜜蜂本身，只需要购买蜂箱和蜂种，收获蜂产品后蜜蜂还可以通过自身的繁殖来增加蜂群数量，顺利实现再生产。

进行养蜂生产时，一般购买一群中蜂的费用约

图 1-2　山区农户在房屋周边开展养蜂生产（罗岳雄摄）

为 450 元，一年的生产维持费用为 80～150 元，正常情况下每群蜂年收蜜量为 20～30 千克，按蜂蜜价格为 30 元计算，一个 100 群左右的中蜂场，年收入为 5 万～8 万元。同时，100 群中蜂的生产，仅需一个劳动力即可完成。由此可见，在家庭养殖业中，养蜂的经济效益是比较可观的。

由于养蜂能获得较好的经济效益，且对环境友好，因此，很多地方政府将其作为巩固脱贫攻坚成果的重要项目，并取得了骄人的成绩。

（四）蜂产品对人类健康的作用

蜂产品具有营养丰富、用途广泛、产值高的特点，如蜂蜜、蜂王浆、蜂花粉、蜂蜡、蜂胶、蜂毒和蜂幼虫等，都是有一定保健作用和药物作用的天然产品，对很多疾病有预防和治疗的作用。我国的《神农本草经》中已把蜂蜜作为药中上品，《本草纲目》中也有蜂产品及其应用的记载。随着社会经济的发展，人们的保健意识日益增加，追求产品的天然性已成为趋势。而蜂产品由于其具备的天然特性和显著的保健功效，使得人们对蜂产品的需求量日益增多。

此外，蜂蜡等蜂产品还是用途广泛的工业原料。同时蜂产品也是我国传统的出口农产品之一，每年可换取不少外汇，支援国家建设。

综上所述，养蜂业对保持生态平衡、提高农作物产量、发展山区经济和促进人类健康等有着不可估量的作用。

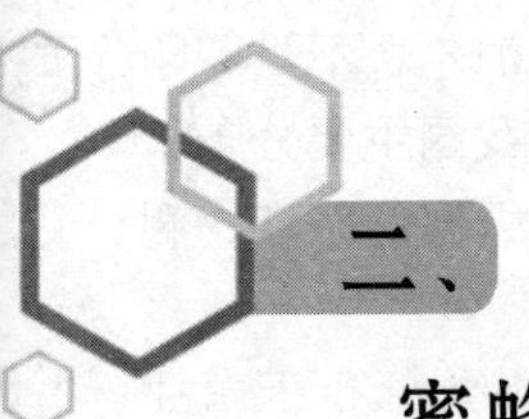

二、蜜蜂的种类和分布

(一) 常见蜜蜂品种及其分布

蜜蜂是一种古老的昆虫，也是目前可为人类驯养和利用的唯一一种昆虫。

目前，学术界比较一致的看法是，蜜蜂属包括9个种，即大蜜蜂（*Apis dorsata* Fabricius 1793)、小蜜蜂（*Apis florea* Fabricius 1787)、黑大蜜蜂（*Apis laboriosa* Smith 1871)、黑小蜜蜂（*Apis andrenifomis* Smith 1858)、东方蜜蜂（*Apis cerana* Fabricius 1858)、西方蜜蜂（*Apis mellifera* Linnaeus 1758)、沙巴蜂（*Apis koschevnikovi* Butter - Reepen 1906)、绿努蜂（*Apis nulunsis* Tingek，Koeniger and Koeniger 1996）和苏拉威西蜂（*Apis nigrocincta* Smith 1861)。这些蜂种分布于亚洲、欧洲和非洲。

大蜜蜂在国外主要分布于南亚和东南亚；在我国主要分布于云南南部、广西南部和海南等地。

小蜜蜂在国外主要分布于阿曼北部、伊朗以东地区；在我国主要分布于云南北纬26°40′以南和广西南部的龙州、百色、上思等地。

黑大蜜蜂在国外主要分布于尼泊尔、不丹、印度北部、缅甸北部和越南北部；在我国主要分布于喜马拉雅山南麓、西藏南部，以及云南的怒江、澜沧江、金沙江和红河流域。

黑小蜜蜂（图 2－1）在国外主要分布于南亚和东南亚；在我国主要分布于云南西双版纳的景洪、勐腊及澜沧江流域的沧源、耿马等地。

图 2－1　黑小蜜蜂（匡海鸥摄）

沙巴蜂主要分布于加里曼丹岛；绿努蜂主要分布于马来西亚沙巴州的绿努山区；苏拉威西蜂主要分布于印度尼西亚的苏拉威西群岛及菲律宾。

东方蜜蜂主要分布于亚洲等温带、亚热带和热带地区，涉及中国、日本、朝鲜、俄罗斯（远东地区）、越南、老挝、柬埔寨、缅甸、泰国、马来西亚、印度尼西亚、东帝汶、孟拉加国、印度、尼泊尔、伊朗等国家。我国的中蜂是东方蜜蜂分布在中国的一个亚种。

西方蜜蜂，简称西蜂，原产于欧洲、非洲和中东地区，现已发展至世界各地，成为世界上主要饲养的蜂种。据有关资料显示，西方蜜蜂在 20 世纪初引进我国，在我国常见的西方蜜蜂品种有高加索蜂、欧洲黑蜂、意大利蜂、卡尼鄂拉蜂等。

(二) 我国饲养的蜜蜂品种

我国分布的主要蜜蜂品种有大蜜蜂、小蜜蜂、黑大蜜蜂、黑小蜜蜂、东方蜜蜂和西方蜜蜂，其中作为饲养利用的只有东方蜜蜂和西方蜜蜂。

1. 东方蜜蜂

我国境内的东方蜜蜂统称中华蜜蜂，简称“中蜂”。其广泛分布于除新疆以外的全国各地，特别是南方的丘陵、山区。

在西方蜜蜂引进我国以前，各地饲养的蜜蜂均为中蜂，多数中蜂一直处于野生、半野生状态。

在长期自然选择过程中，各地中蜂不但对当地的生态条件产生了极强的适应性，形成了特有的生物学特性，而且其形态特征也随着地理环境的改变而发生变异，如蜜蜂个体由南向北、由低海拔向高海拔逐渐增大，体色由南向北、由低海拔向高海拔逐渐变深，逐渐形成许多适应当地特殊环境的类型。

2. 西方蜜蜂

我国的西方蜜蜂是 19 世纪末 20 世纪初由国外

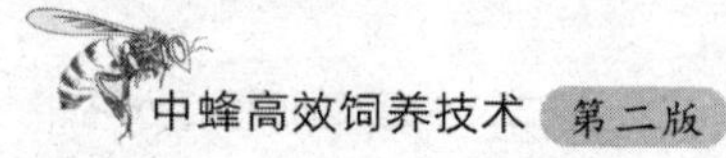

引进的，目前已经成为国内养蜂生产上的当家蜂种。

（1）东北黑蜂 是19世纪末至20世纪初由俄国远东地区传入我国黑龙江与吉林的黑色蜜蜂，与饲养于东北地区的意大利蜂，经过长期混养、自然杂交和人工选育后，逐渐形成的一个蜂蜜高产型蜂种。

（2）新疆黑蜂 是20世纪初由俄国传入我国新疆的黑色蜜蜂，经过长期自然杂交和人工选育后，逐渐形成的一个蜂蜜高产型蜂种。

（3）西域黑蜂 是我国科研人员在新疆伊犁河谷地区发现的野生蜂种，属于我国的独有蜂种，于2016年通过国家畜禽遗传资源委员会的审定。该蜂种的核心区位于新源县巩乃斯谷地南面的那拉特山，现主要饲养区域为新源县，饲养量5 000群以上。西域黑蜂是首次在我国境内发现的欧洲黑蜂的自然种群，并且与目前国际上已知的西方蜜蜂亚种至少存在13万年的分化，这一发现证明我国也是西方蜜蜂的原产地，结束了我国没有西方蜜蜂自然种群分布的历史，这在畜禽遗传资源研究方面具有突破性意义。

（4）意大利蜂 简称意蜂，是于20世纪早期由养蜂爱好者带入我国。目前我国饲养的意大利蜂按来源分为原产地意蜂、美国意蜂和澳大利亚意蜂。

（5）卡尼鄂拉蜂 最早的记载是1917年，由日本人携带4群卡尼鄂拉蜂至我国大连，并在辽东建立养蜂场。2000年中国农业科学院蜜蜂研究所分两次从德国引进卡尼鄂拉蜂抗螨蜂种，是近年来规模较大的蜜蜂引种。目前我国饲养的卡尼鄂拉蜂有奥卡、南卡、喀尔巴阡等品系。

(6) 高加索蜂 我国引进高加索蜂的历史较短，1974年农林部、外贸部首次从加拿大引进高加索蜂蜂王；2000年中国农业科学院蜜蜂研究所从格鲁吉亚引进高加索蜂纯种蜂王。

(7) 其他蜂种 我国养蜂生产中使用过的蜂种还有安纳托利亚蜂、塞浦路斯蜂，均是农林部、外贸部于1974年首次从国外引进的。

(三) 中华蜜蜂的类型与分布

在长期的自然选择过程中，中蜂为了适应各地的生态条件，形成了特有的生物学特性，形态特征也随着地理环境的改变而发生变异。根据国内外的相关研究，可将我国的中华蜜蜂分为北方中蜂、华南中蜂、华中中蜂、云贵高原中蜂、长白山中蜂、海南中蜂、阿坝中蜂、滇南中蜂和西藏中蜂9个类型。但尚有不同的意见，因此，对中华蜜蜂的分类有待进一步研究。

1. 北方中蜂

北方中蜂的中心产区为黄河中下游流域，分布于山东、山西、河北、河南、陕西、宁夏、北京、天津等省份的山区；四川北部也有分布。

生物学特性：北方中蜂耐寒性强，分蜂性弱，较为温驯，防盗性强，可维持强群，群势可达8框以上；易感染中蜂囊状幼虫病和中蜂欧洲幼虫腐臭病，抗巢虫能力差。

2. 华南中蜂

华南中蜂的中心产区在华南，主要分布于广东、广西、福建、浙江、台湾等省份的沿海和丘陵山区；安徽南部、云南东南部也有分布。

生物学特性：华南中蜂对高温高湿的气候条件适应性强；个体小，群势小，一般群势为4～6脾；群体繁殖力强，年分蜂2～3次；温驯性中等，易发生盗蜂和飞逃；易感染中蜂囊状幼虫病和中蜂欧洲幼虫腐臭病，抗巢虫能力差。

3. 华中中蜂

华中中蜂的中心产区为长江中下游流域，主要分布于湖南、湖北、江西、安徽等省份以及浙江西部、江苏南部；贵州东部、广东北部、广西北部、重庆东部、四川东北部也有分布。

生物学特性：华中中蜂耐寒性较强，群势较强，可维持6～8脾，较温驯，防盗能力较差；易感染中蜂囊状幼虫病和中蜂欧洲幼虫腐臭病，抗巢虫能力差。

4. 云贵高原中蜂

云贵高原中蜂的中心产区在云贵高原，主要分布于贵州西部、云南东部和四川西南部三省交会的高海拔区域。

生物学特性：云贵高原中蜂群势中等，可维持6～8脾，性情较凶暴；易感染中蜂囊状幼虫病和中蜂欧洲幼虫腐臭病，抗巢虫能力差。

5. 长白山中蜂

长白山中蜂的中心产区在吉林长白山区的通化、白山、吉林、延边、长白山自然保护区，以及辽宁东部部分山区。

生物学特性：长白山中蜂耐寒性较强，群势较强，可维持8～10脾，较温驯，防盗能力较差；易感染中蜂囊状幼虫病和中蜂欧洲幼虫腐臭病，抗巢虫能力差。

6. 海南中蜂

海南中蜂分布于海南。由于蜜源植物减少等因素的影响，海南中蜂的分蜂性逐渐增强，群势变小，生产性能下降。

生物学特性：海南中蜂对高温高湿的气候条件适应性强；个体小，群势小，一般群势为3～4脾；温驯性中等，易发生盗蜂和飞逃；易感染中蜂囊状幼虫病和中蜂欧洲幼虫腐臭病，抗巢虫能力差。

7. 阿坝中蜂

阿坝中蜂分布在四川西北部的雅砻江流域和大

渡河流域的阿坝、甘孜两州，包括大雪山、邛崃山等海拔在 2 000 米以上的高原及山地。原产地为马尔康市。中心分布区在马尔康、金川、小金、壤塘、理县、松潘、九寨沟、茂县、黑水、汶川等县。青海东部和甘肃东南部亦有分布。

生物学特性：阿坝中蜂（图 2-2）是东方蜜中个体最大的一个生态类型，耐寒性较强，适宜高寒高海拔地区饲养；分蜂性弱，群势较强，可维持 12 脾以上；较温驯，不易发生飞逃。

图 2-2　阿坝中蜂（罗岳雄摄）

8. 滇南中蜂

滇南中蜂主要分布于云南南部的德宏、西双版纳、红河、文山和玉溪等地。滇南中蜂多采用传统方式饲养。

生物学特性：滇南中蜂耐热性强，产卵力较弱，分蜂性弱，可维持 4～6 脾。

9. 西藏中蜂

西藏中蜂主要分布于西藏东南部的雅鲁藏布江河谷以及察隅河、西洛木河、苏班黑河、卡门河等河谷地带，生存在海拔 2 000～4 000 米的地区。其中，林芝的墨脱、察隅和山南的错那等县蜂群较多，是西藏中蜂的中心分布区。云南西北部的迪庆、怒江北部也有分布。西藏中蜂很少采用传统方式饲养（图 2-3），基本处于野生状态。

生物学特性：西藏中蜂耐寒性较强，适宜高寒高海拔地区饲养，分蜂性强，迁徙习性强，群势较小，采集力较差。

图 2-3　传统方式饲养的西藏中蜂（罗岳雄摄）

从全国范围看，华南地区和西南地区为中蜂集中分布区，其他地区的中蜂多与西方蜜蜂混合分布。目前我国中蜂的分布区域包括广东、广西、云南、贵州、四川、重庆、西藏、海南、福建、浙江、江西、安徽、湖北、湖南、甘肃、陕西、山西、北京、河北以及吉林，饲养数量和野生数量不断变化。

三、

我国养蜂业概况

20 世纪初期，西方蜜蜂及其饲养技术引进我国，但养蜂业发展缓慢。1949 年，全国仅有蜜蜂 50 多万群，蜂蜜产量不足 8 000 吨。1949 年以后，我国的养蜂业才得到迅猛发展，在 90 年代初期，我国的蜂群数达到 769 万群，产蜜量达到 20 万吨，还有蜂王浆、蜂花粉、蜂蜡、蜂胶和蜂蛹等系列蜂产品。自从苏联解体后，我国就成为世界上第一养蜂大国，无论是蜂群数，还是蜂产品的产量和出口量，均居世界第一位。2006 年统计，我国有蜂群数达到 820 万群，其中西方蜜蜂约为 570 万群，中华蜜蜂约为 250 万群。2008 年，国家把养蜂业列入国家现代农业技术体系后，对养蜂业起了极大的推动作用，中蜂数量有了快速增长，到 2014 年底，中蜂群数达到了 550 多万群，成为我国养蜂业的新增长点。

我国蜂群数虽处于世界第一位，但仍主要采用农户小规模饲养的方式，机械化程度较低，基本为人工操作。近年来，虽有小部分蜂场出租作为果树授粉之用，但规模仍很小，有待大力推广。

（一）我国中蜂饲养历史

在我国，人工饲养中华蜜蜂的历史可以追溯到2 000年以前（图3-1）。秦代以前，人们以看护野外树洞、石洞内的中蜂进行原始的养蜂生产活动，获取蜂蜜。

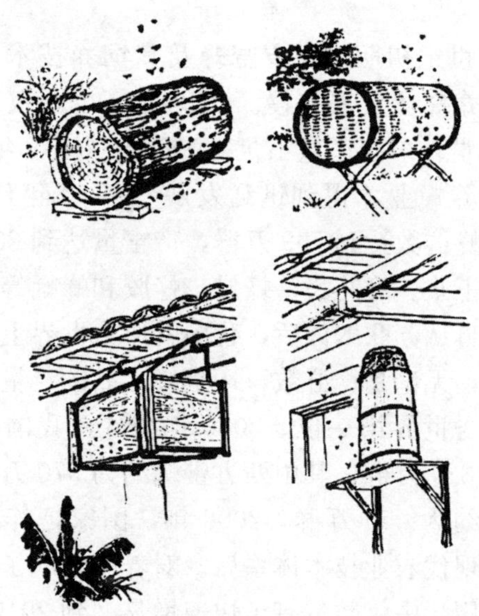

图3-1　我国古代养蜂（仿自张中印）

在西方蜜蜂引进我国以前，各地饲养的蜜蜂均为中蜂，多数处于野生、半野生状态。20世纪20年代开始，西方蜜蜂被大量引进我国。受西蜂饲养技术的影响，中蜂进入了活框饲养、传统饲养相结合的时代，形成中蜂传统饲养技术和仿西蜂活框现代饲养技术交错发展的特殊时期，从此，中蜂和西蜂开始了种间竞争。

20 世纪 50—60 年代，由于中蜂现代活框饲养技术的推广，我国进入中蜂饲养的快速发展时期。70 年代初，中蜂囊状幼虫病的暴发使我国中蜂养殖业受到严重打击，蜂群数急剧下降，加上西方蜜蜂强大生产性能的吸引，使很多中蜂饲养者改养西蜂。80 年代由于山区开发，蜜源植物资源受到严重破坏，以山区为分布重点的中蜂更是雪上加霜，导致养蜂需要大转地饲养，但由于中蜂大转地饲养的生产性能不及西蜂，因此，加剧了中蜂数量的减少。

由于中蜂基数下降，在与西方蜜蜂的种间竞争中，中蜂在蜜源采集、蜂巢防卫、交尾飞行、病害防御等方面都受到西蜂的严重干扰和侵害。在中、西蜂激烈的种间竞争中，中蜂一直处于弱势地位，导致群体数量减少，分布范围缩小；加上中蜂囊状幼虫病的危害、传统的毁巢取蜜生产方式以及对野生蜜蜂的猎捕，致使中蜂大量死亡；同时中蜂经受着饲养者选择的严峻考验，更加剧了中蜂数量的减少，使中蜂的饲养规模进一步削弱，原来以饲养中蜂为主的很多省份和地区，中蜂被迫退缩到一些山区，数量稀少，如在黑龙江，已很难找到家养的中蜂，只有野外少量存在。

（二）我国中蜂饲养现状

近年来，国家逐渐重视养蜂业，通过出台相关法规、制定发展规划以及建立国家蜂产业技术体系等措施，从整体上推进我国养蜂业的发展。同时，由于中蜂病害少，用药少，其产品质量安全性高，消费者开始对“土蜂”蜜有所偏爱，相关产品受到市场欢迎。此外，国家对生态建设也高度重视，加强了对山区生态的保护，使山区蜜源植物有所恢复，进而使中蜂赖以生存的食物基础得到保证。更重要的是，沿海地区很多原来饲养西方蜜蜂的养蜂者因年纪偏大，不便开展大转地养蜂，从而开始转养中蜂，由于这些原因，我国中蜂饲养的规模得以恢复和壮大。据 2021 年调查统计，全国重点中蜂饲养省份蜂群数达到 1 200 万群，与 2008 年统计结果比较，有大幅度增长。

我国目前中蜂仍重点分布在华南和西南等传统的分布区，其中 50 万群以上的有广东、云南、四川、广西、重庆、贵州、福建等省份，且这些省份的中蜂数量已超过西蜂。

（三）我国中蜂饲养存在的问题

（1）部分省份（如黑龙江）已无人工饲养的中蜂，中蜂分布区域逐渐退缩至山区。

（2）中蜂囊状幼虫病周期性暴发，使中蜂饲养损失严重，但未有特效防控技术。

（3）养蜂员年龄严重老化，不能适应规模化饲养。

（4）不同类型中蜂进入其他类型中蜂的分布

地，造成不同类型中蜂资源受到破坏，在个别地区引起严重的病害。

（四）对发展中蜂的建议

（1）加强适应中蜂生物学特性的饲养技术的研究和推广。

（2）加强中蜂病害防控技术的研究。

（3）探索新的饲养模式。例如，在广东省山区推广“人不离家、脚不离田，房前屋后养中蜂”的模式，使中蜂群数快速上升，占广东饲养蜂群总数的93%以上。

（4）加强对中蜂资源的保护和利用，建立中蜂保护区。

（5）对养殖中蜂给予财政补贴。

中蜂是我国珍贵的蜜蜂种质资源，在西方蜜蜂被引进后，中蜂在与西蜂的种间竞争中处于劣势，数量锐减，近年来虽有所改善，但仍不可掉以轻心。有关部门应加强扶持，切实解决中蜂饲养存在的问题，否则，中蜂在我国很可能成为濒危物种。

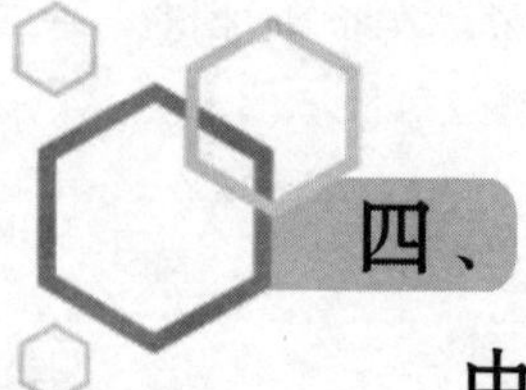

四、中蜂对我国自然条件的适应性

（一）中蜂的优点

（1）采集勤奋，善于利用零星蜜源 当外界有蜜源植物开花时，气温只要在10℃以上，中蜂就会外出采集。中蜂具有出勤早、收工晚的特点，每天比西方蜜蜂多采集2～3小时。中蜂的嗅觉很灵敏，能发现和利用零星蜜源，在外界比较缺乏蜜粉源植物开花时，中蜂仍能采集到可以维持本群生存和繁殖所需的食物，这对定地饲养和节省生产费用是极为有利的。因此，中蜂很适于山区农户利用本地丰富的蜜源植物资源开展定地饲养，生产特色产品，发展经济。

（2）飞行迅速，抗逆能力强 中蜂的个体较小，翅膀相对较长，其飞行速度比西方蜜蜂快，每天采集的次数也就比西方蜜蜂多，也容易躲避胡蜂等天敌的捕捉。

（3）对环境的适应能力强 气温在7～38℃时，都可见中蜂活动，因此中蜂能适应高温高湿的气候。在华南地区，中蜂能很好地利用八叶五加（也叫鸭脚木）和野桂花等冬季的蜜源植物。

(4) 对白垩病和螨害的抗性强 白垩病和大、小蜂螨对西方蜜蜂可造成严重的危害，但对中蜂则不会产生危害。

(5) 蜂蜜较清香，蜂蜡质量较好 由于中蜂不采集树胶，因此其酿制的蜂蜜虽然浓度较低，但味道较清香。由于中蜂蜡不含蜂胶，加上中蜂有喜欢新脾的习性，因此中蜂蜡的质量较好，熔点也较高。

(6) 产品安全性高 由于中蜂病虫害少，所以蜂群用药少，抗生素残留也就少，产品的安全性也较高。

(7) 产品受欢迎 由于中蜂蜜味道好、产品安全性高，而且多为中蜂利用山区生态条件优良的蜜源植物所生产，因此深受消费者的欢迎。

(二) 中蜂的缺点

(1) 分蜂性强，不容易维持强群 由于中蜂长期处于野生和半野生状态，所以为了适应恶劣的环境条件，中蜂逐渐形成了分蜂性强的习性。这种习性虽然是中蜂繁殖力强的表现，但不利于形成强群。因此，中蜂单群的生产性能比西方蜜蜂差。

(2) 性情较暴躁，易飞逃 中蜂的野性较大，容易蜇人，这给管理操作带来不便。如遇不良条件（如人为的干扰、强烈的震动、发生严重病害、敌害频繁骚扰、烟和刺激性气体的影响等）时，中蜂容易发生飞逃，这也会给管理带来不便。

（3）盗性强 中蜂在外界缺乏蜜粉源时，蜂群之间容易发生互相盗蜜的现象（即盗蜂）。盗蜂一旦发生，就会造成很大的损失，严重时，可造成全场蜂群覆灭。

（4）抗病和抗巢虫的能力差 中蜂易染中蜂囊状幼虫病，此病发生时，可使整场蜜蜂毁灭。中蜂也易受大蜡螟等巢虫的危害，在山区巢虫发生严重的地方，大蜡螟可给养蜂生产造成巨大的损失。

（5）产品单一 中蜂的主要产品只有蜂蜜和少量蜂蜡，较为单一。

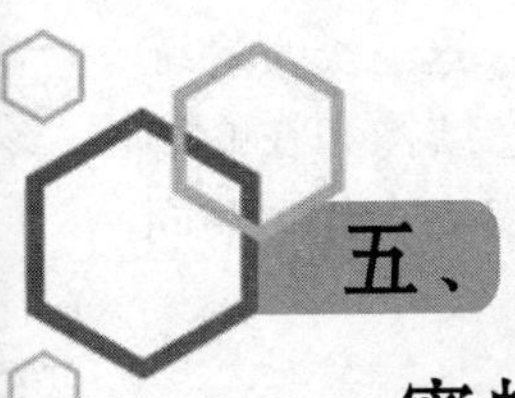

五、蜜蜂的生物学特性

蜜蜂生物学是研究蜜蜂的分类、分布、群体的组成、形态与机能、内部解剖结构、个体发育和群体的生长规律、行为和营养、蜂群的消长规律、蜂巢特点及对环境的适应性、食物的采集和贮存等内容的一门学科。本部分主要讲述蜜蜂生物学特性与中蜂饲养管理之间关联的内容。

蜜蜂是一种营群体生活的社会性昆虫，一群蜜蜂就像一个大家庭，成员之间既有分工又有合作，每个成员离开群体就无法单独生存。了解蜜蜂的生物学特性，掌握其生活规律及控制机制，可以帮助养蜂者对蜂群采取更加科学的管理措施，给蜜蜂提供更有利于其生存和繁衍的环境条件，提高饲养管理水平及蜜蜂的抗逆性，以获取更大的经济效益。

（一）蜂群的组成及三型蜂的发育生活

1. 蜂群的组成

蜂群是蜜蜂自然生存和蜂场饲养管理的基本单位，一群蜜蜂通常由一只蜂王、成千上万只工蜂及在繁殖阶段出现的几百只雄蜂组成，这三类蜜蜂统称三型蜂（图 5-1）。三型蜂的形态结构和在蜂群里承担的职能各不相同，既有分工又有合作，共同维护着蜂群的生存和发展。

图 5-1　中蜂的三型蜂（薛运波提供）

2. 三型蜂的发育

蜜蜂的个体发育经历卵、幼虫、蛹和成虫四个阶段，这个现象在昆虫学上叫完全变态昆虫。

（1）卵期　从蜂王在巢房里产下卵到卵孵化的时期称为卵期，约经历 3 天时间。蜂王在巢房中产下的卵呈香蕉型，一个房眼一般产一粒卵。

（2）幼虫期　从卵孵化出来的幼虫经过 5 次蜕皮的时期称为幼虫期。卵刚孵化出幼虫呈新月形，平卧于巢房底部。幼虫靠工蜂饲喂（约每分钟进行一次），且幼虫几乎不停止取食，因此开箱检查蜂群时间太长会影响工蜂对幼虫的哺育行为，对幼虫的发育不利。

蜜蜂的卵孵化出的幼虫，不管是蜂王还是工蜂或雄蜂的幼虫，前 3 天都取食由青壮年工蜂分泌的蜂王浆，3 天后，工蜂和雄蜂的幼虫就停止食用蜂王浆，转为食用由蜂蜜和花粉混合而成的“蜂粮”，而蜂王则一生都以蜂王浆为食料。这样，就出现工蜂和蜂王同为受精卵发育而成，但工蜂因只在幼虫期的前 3 天食用蜂王浆，所以生殖器官发育不完全，无交尾能力，不能正常产卵，而成为蜂群中的主要劳动者。蜂王则生殖器官发育完全，能正常交尾产卵，繁殖后代。

幼虫需经过 5 个龄期，每个龄期蜕皮一次，前 4 天每天蜕皮一次，每蜕皮一次，幼虫就长大一点。经 5～6 天，工蜂吐蜡在幼虫的巢房上加一层蜡盖，这种现象在养蜂学上叫“封盖”。幼虫在封盖巢房中继续食用剩余的食料，3 天后停止进食，并在巢房里吐丝作茧，约在产卵后第 11 天末进行第五次蜕皮，进而化蛹。

(3) 蛹期 从幼虫第五次蜕皮后到蛹壳开裂为止的时期称为蛹期。蜂蛹羽化为成蜂，咬破封盖后爬出，这种现象叫“出房”。从封盖到出房阶段的幼虫和蛹，在养蜂学上统称封盖子，这时蜜蜂幼体不再取食，蠕动不明显，但身体内部会发生复杂的变化，逐渐分化出成年蜂的各种器官。刚化蛹时，由于其外壳未真正形成，所以是蜜蜂生命最脆弱的时期，振动太大（如提脾抖蜂和摇蜜时）会对其造成伤害。

(4) 成虫期 当蛹壳开裂后，成虫从蛹内爬出来，这在昆虫学上叫“羽化”。羽化后的成虫咬破巢房的封盖，从巢房中爬出后就是成年蜜蜂。从成虫羽化到爬出巢房的整个时期称为成虫期。

刚出房的幼蜂，身体柔软，需由其他工蜂饲喂，此后幼蜂的外骨骼逐渐硬化，再经几天后，身体各器官就会逐渐发育成熟。

蜜蜂各阶段的发育历期（图5-2），可因蜂种和气候等略有差异，但一般相对稳定。熟练掌握蜜蜂的发育历期，可以预测蜂群的发展趋势，对人工育王、蜜蜂分蜂和组织生产群等，具有一定的指导作用。现将中蜂各阶段的发育历期列于表5-1中。

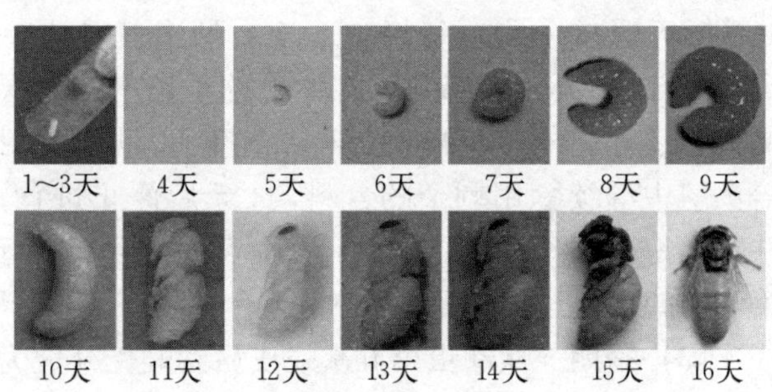

图5-2 蜜蜂的发育历期（王颖提供）

表5-1 中蜂各阶段发育历期（天）

型别	卵期	幼虫期	封盖期	出房历期
蜂王	3	5	8	16
工蜂	3	6	11	20
雄蜂	3	7	13	23

3. 三型蜂的生活

（1）蜂王 在蜂群里，蜂王的个体最大，腹部最长，生殖器官发育完全，但从事采集的器官退化，不能从事采集活动，王浆腺也退化，丧失了分泌王浆的功能。在正常情况下，一群蜜蜂里只有一只蜂王。蜂王是蜂群中唯一生殖器官发育完全，能正常交尾、产卵的雌性蜂，其主要职能是繁殖后代，因此可以说，它是蜂群中的“母亲”。

蜜蜂繁殖到一定程度时，就会产生分蜂。在分蜂发生前，蜜蜂会先培育出新的蜂王，这时在巢脾的下缘会出现几个到十几个口向下、比工蜂巢房大的“王台”，专门用于培育新蜂王。这种因分蜂而产生的王台，叫“自然王台”。有时在蜂王伤残和衰老时，也会出现用于培育新蜂王的王台，这种王台叫“自然交替王台”。有时蜂群中的蜂王意外失掉时，工蜂也会把部分有低日龄幼虫的工蜂巢房紧急改造成王台，这种王台叫“急造王台”。

当王台成熟后，新蜂王在内部咬开一环裂后爬出，这叫“出房”。在新蜂王未出房之前，老蜂王带着约一半的青壮年工蜂离开原巢，另择合适的地方筑新巢，这种现象叫“自然分蜂”。新蜂王出房后十分活跃，会寻找其他王台并将其破坏，以杀死其他蜂王。如果有两只新蜂王同时出房，它们之间就会进行一场你死我活的“格斗”，直至其中一只死亡为止。如果原蜂群的群势较强，第一只新蜂王出房后发现第二只新蜂王即将出房，此时第一只新蜂王就会带着第一次分蜂时留下来的工蜂的一半，产生第二次分蜂。

刚出房未交尾的新蜂王叫“处女王”。处女王出房后，第 2 天开始进行认巢飞行，叫“试飞”，经过几天试飞后的处女王就会进行交尾。蜂王的交尾是在空中飞行的同时进行的，叫“婚飞”，一般发生在出房后的第 4～7 天，最早发生在出房后的第 3 天。蜂王的婚飞一般在气温 20 ℃以上的晴朗天气里进行，多发生在每天下午的 2：00—4：00。婚飞时，有的工蜂会兴奋地围绕在处女王周围，有的排列成行，有的则聚集在巢门口，翘起腹部，分泌气味物质，引导处女王走出巢门。当处女王走出巢门时，有的工蜂会用头部或前足驱使处女王起飞，有的工蜂还会“护送”处女王飞行一段距离。处女王起飞后，聚集在巢门口的工蜂仍然翘起腹部，分泌气味物质，用翅膀猛烈扇风，让分泌的气味物质扩散，用以招引交尾回巢的蜂王，以免蜂王误投他群，招致杀身之祸。

当蜂王外出交尾时，整个蜂群的采集工作几乎停滞，工蜂全力投入蜂王的交尾活动。由此可见，蜂王的交尾活动关系到整个蜂群的发展。

据观察，在一个地区内，蜜蜂的交尾有较为固定的空域，叫“交尾场”，一般每年周边的处女王都会在此空域进行交尾活动。在蜜蜂繁殖高峰期，当天气条件适合时，每天都有大量的雄蜂集中在此空域等候处女王的到来。当处女王进入此空域时，大量的雄蜂就会兴奋地迎上去，但处女王会继续快速向前飞行，只有体魄最好、飞行最快的雄蜂才能追上处女王并与其交配。这种现象有利于保持蜜蜂优良的遗传基因。

处女王在一次婚飞过程中，可以与多只雄蜂交尾，直到贮精囊贮满精液为止。

交尾回来的蜂王在进巢前可见其尾部带有一小段白色物质，叫“交尾标志”，是交尾时雄蜂残留在蜂王体内的生殖器官。蜂王一般一生只在婚飞交尾时出巢，交尾回巢后除分蜂和飞逃外，一般不再离开蜂巢。

交尾回巢后的蜂王，工蜂会帮它除去交尾标志，并给蜂王饲喂蜂王浆，之后蜂王的腹部逐渐膨大，多在第 2 天或第 3 天开始产卵。中蜂蜂王一般一天产卵达 500～800 粒，最多时可超过 1 000 粒。

蜂王产卵时，先把头伸进行巢房中，对巢房的大小和环境进行探查，如果该巢房已被工蜂清理，适于产卵，则蜂王就会把头缩回，再把尾部插入巢房中产卵，产完卵后继续寻找下一个可产卵的巢房。蜂王产卵一般从蜂巢中部的巢脾中央开始，以螺旋形向四周扩大。在巢脾上，蜂王产下的卵圈常呈椭圆形，养蜂学上称之为“产卵圈”。一般中间巢脾上的产卵圈最大，两边依次减小，整个产卵区呈椭圆球体，这有利于保护育子区，也是蜜蜂在进化过程中为适应环境所形成的一个重要的生物学特性。

蜂王产的卵有未受精卵和受精卵两种。蜂王在巢脾上的雄蜂房里（一般只在繁殖前期由工蜂构筑，多在巢脾的下部两角，其口径较大）产下的卵为未受精卵，以后发育成雄蜂。蜂王在巢脾的工蜂房里（除雄蜂房外，巢脾上绝大多数为工蜂房）产下的卵是受精卵，以后发育为工蜂。在蜂群繁殖期，巢脾的下缘常可见到几个到十几个开口向下、口径较大的巢房，这就是培育新蜂王用的王台台基。蜂王在王台台基中产下的卵也是受精卵，以后发育为蜂王。

有时因天气不好或缺少雄蜂，蜂王无法交尾时，也能产卵，但产下的卵都是未受精卵，这种卵以后全部发育为雄蜂。因此，对这种蜂王要及时用正常蜂王替换。

中蜂蜂王的寿命长达1～3年，但以1年内的蜂王产卵力最强，对蜂群中工蜂的控制力以及维持强群的能力也较强。对中蜂蜂王来说，一般从第2年开始，其产卵力下降，因此中蜂要求一年最少要换王1～2次。

在繁殖季节，蜂王每天产卵的总重比自身的体重还大，寿命又长达几年，这与它以蜂王浆这种神奇的物质为食有关。当蜂群要发生自然分蜂时，工蜂会停止对蜂王饲喂蜂王浆，蜂王的腹部就会马上收缩，以适应外出飞行的需要。

(2) 工蜂 在蜂群里，工蜂的个体最小，数量最多。工蜂是蜂群内一切工作（如哺育、采集、清洁和保卫等）的承担者，为了适应这些工作，工蜂的身体构造产生了特化，如管状的喙，以便于吸取花朵蜜腺分泌的蜜汁；蜜囊则可以暂时贮存蜜汁；后足则特化出用于采集花粉的花粉刷、花粉栉和花粉篮的特殊构造；同时具有王浆腺、蜡腺和臭腺等器官，但生殖器官退化。

不同日龄的工蜂，其职能按日龄进行分工，按其不同日龄所承担的工作不同，习惯上把工蜂分为幼年蜂、青年蜂、壮年蜂和老年蜂四个时期。掌握这四个时期工蜂所承担的工作，是蜂群管理的要点。

① 幼年蜂：一般指初出房到第 6 天的工蜂。初出房的幼蜂，3 天内需由其他工蜂饲喂，其主要职能是承担蜂群保温和清理巢房的工作；4 天后能承担调制花粉、喂养幼虫等工作。

② 青年蜂：一般指出房后 6～17 日龄的工蜂，其王浆腺已较发达，主要职能是分泌王浆饲喂蜂王和 3 日龄以内的幼虫，并开始重复地将头部朝向蜂巢，进行认巢的试飞及排泄粪便（正常的蜜蜂，都是在飞行中把粪便排泄在巢外）。青年工蜂在第13～18 天，蜡腺逐渐发达，能分泌蜡片，此时期主要承担筑巢、清巢、酿蜜和调节巢温等工作。

③壮年蜂：指 17 日龄后的工蜂，其主要职能是承担采集花蜜、花粉和水分等工作，也承担部分守卫工作，是蜂群中最主要的生产者。外界蜜源植物大流蜜期到来时，培育大量壮年蜂在此时同期出现，是夺取高产的保证。

④老年蜂：指采集后期，身上绒毛已磨损，呈现油黑光亮的工蜂，其主要承担守卫等工作。当蜂群受到其他动物的入侵时，老年蜂会以牺牲自己的方式，奋起迎击入侵者。当蜂群中缺乏食物时，这些老年蜂也很容易去偷盗其他蜂群的贮蜜，而成为

“盗蜂”。

幼年蜂和青年蜂，多从事巢内的工作，也叫内勤蜂；壮年蜂和老年蜂，多从事巢外工作，也叫外勤蜂。实际上，各阶段的工蜂所承担的工作，可因外部和内部的需求而有所改变，如外界蜜源植物开花盛、蜂群内部缺乏外勤蜂时，青年蜂会提早承担采集工作。

工蜂的寿命一般为 1～3 个月，但在夏季高温或采集活动繁忙的季节，工蜂的寿命会缩短，一般为 30～50 天；在温度较低和非采集季节，工蜂的寿命会长些。

影响工蜂寿命长短的因素主要是工蜂的劳动强度和营养状况，例如，哺育幼虫的劳动强度、采集活动的劳动强度、调节巢温的劳动强度等；蜂蜜和花粉等食物是否充足也会影响蜜蜂的寿命。

掌握工蜂不同时期的生物学特性，对指导蜂群的管理如加脾、育子和组织生产群等有重要的现实意义。

(3) 雄蜂 雄蜂的眼大、体粗、身黑，出现于分蜂前期，数量在几十只到几百只不等。在蜂群出现王台之前，往往先出现雄蜂巢房和雄蜂。

雄蜂是由蜂王在雄蜂房中产下的未受精卵发育而来。但在蜂群失去蜂王后，有少数工蜂的卵巢也会发育并产卵，因工蜂没有交尾功能，其产下的卵也是未受精卵，也会发育为雄蜂。

雄蜂是蜂群中的雄性“公民”，它唯一的功能是与处女王交尾，被称为蜜蜂中的“花花公子”。

虽然雄蜂在蜂群中过着不劳而获的生活，但也是蜂群遗传基因的主要载体，其是否优良影响着后代工蜂的性状。为了保证有足够的雄蜂与蜂王交尾，应注意培育适量优质雄蜂。

雄蜂多在蜂群繁殖高峰期出现。雄蜂在出房后会马上取食，第 5 天开始进行认巢试飞。雄蜂试飞多在午后进行，其飞翔的天气条件与蜂王飞行的天气条件一致。雄蜂在第 10～13 天性成熟，以第 10～20 天交尾最适宜。在良好的天气条件下，雄蜂在空中边飞翔边寻找处女王，当发现处女王后，多只雄蜂同时追逐处女王，但只有体质最好、飞行最快的雄蜂才有机会与处女蜂王交尾，这对保持蜜蜂品种的优良性状具有好处。交尾完毕后，因雄蜂的生殖器官折断用于堵塞蜂王的阴道口，以防止精液外溢，雄蜂会马上死亡，所以，雄蜂的“婚礼”和“葬礼”是同时进行的。

雄蜂寿命长达 3 个月左右，在分蜂季节，雄蜂误入其他蜂群，可被其他蜂群所接纳，而工蜂误入他群时可能会被围杀。但在外界缺乏蜜粉源和蜂群缺乏食物时，因雄蜂的食量很大（约为工蜂的 3 倍），故雄蜂常被本群工蜂驱赶出巢外，冻饿而死。

在进行人工育王时，一般在雄蜂幼虫封盖一周后，开始移虫育王，这样就能使蜂王的交尾期与雄蜂的性成熟期相符。对用于移虫育王的蜂群，为避免培育的蜂王与本群的雄蜂发生近亲交配，应把该蜂群里的雄蜂杀死。

4. 三型蜂之间的关系

蜂王是蜂群中唯一生殖器官发育完全的雌性蜂，是蜂群中所有个体的母亲，在正常情况下，一个蜂群中只有一只蜂王，因此如果没有蜂王，蜂群将无法繁殖，最终灭亡。但蜂王的采集器官等退化，不能从事采集活动，也不能从事哺育工作，因此蜂王脱离了工蜂，也不能生存下去。

工蜂是蜂群中一切工作的承担者，如采集、酿蜜、筑巢、调温、哺育、清洁、保卫等，因此蜂群如果没有工蜂，也无法存活。但在正常情况下，工蜂不能繁殖正常工蜂后代。

雄蜂的主要功能是跟蜂王交配，是蜂群遗传性状的载体，如果没有雄蜂，蜂王将不能产下受精卵，也就不能繁殖工蜂，蜂群也会灭亡。但雄蜂跟蜂王一样，没有采集功能，不能自食其力，因此其脱离蜂群后就会很快死亡。

综上所述，蜂群三型蜂之间是一个统一的有机整体，存在着互相依存的关系，共同营群体生活，这也是蜜蜂在进化过程中形成的对环境高度适应的生物学特性。

5. 蜂群之间的关系

蜜蜂的基本单位是蜂群，每个蜂群都是独立的整体，蜂群与蜂群之间互不往来，但在食物缺乏的季节，会出现一群蜂的工蜂去盗另一群蜂的贮蜜的现象（称为盗蜂），即存在食物竞争。由于蜂群存在食物竞争，一旦发生盗蜂，会给管理造成很大麻烦，严重时还会造成“乱场”，蜜蜂发生集体飞逃，损失巨大。因此，蜂群的摆放不宜太近，在蜜源缺乏的季节，中蜂与西蜂不宜同场饲养。

不同群的蜜蜂以气味进行识别，每群蜂都有自己独特的气味，如果工蜂或者蜂王误入他群则会被围攻。但在流蜜季节，带有花蜜的采集蜂误入他群，可被接受。另外，雄蜂在繁殖季节误入他群，也可相安无事。

（二）蜂巢的结构和温湿度

蜂巢是蜜蜂繁衍生息和贮存食物的场所，是蜜蜂生活的基本条件之一。

1. 蜂巢的结构

蜂巢是由青年工蜂（12～18 日龄）腹部的蜡腺分泌的蜡片构筑而成（图 5－3），呈垂直片状，这种片状物在养蜂学上就叫巢脾，在野生的自然条件下，一个蜂巢有几片到十几片巢脾，甚至更多。每片巢脾的两侧，分布着很多横向的六角柱形的小洞，这些小洞就叫巢房。巢房是蜜蜂用来产卵育虫、繁育后代以及贮存蜂蜜和花粉等食物的场所。

蜜蜂造一个工蜂房需约 50 片蜡鳞，造一个雄蜂房则需要 120 片蜡鳞。蜜蜂分泌的 1 千克蜂蜡中含有 400 万片蜡鳞，需要消耗蜂蜜 4.7 千克、花粉

图 5-3　自然蜂巢

0.89 千克。因此，蜜蜂筑巢时需要充足的饲料、大量的青年工蜂及适宜的温度条件。在饲养管理上，为了减轻工蜂的劳动强度和减少饲料的消耗，往往在蜂群中加入人工巢础，让工蜂在巢础上筑造巢房。

中蜂的巢房可分为工蜂房、雄蜂房、过渡型巢房和王台 4 种。

① 工蜂房：位于巢脾的中下部，专门用于育子和贮存蜂粮。中蜂房内径 4.2～4.4 毫米，深 11.5 毫米；100 个工蜂房约为 20 厘米^2，一只工蜂约占 3 个房眼。

② 雄蜂房：位于巢脾下缘两侧，是蜜蜂用于培育雄蜂和贮存蜂蜜的巢房。中蜂雄蜂房的内径为 5.0～6.5 毫米，深约为 12.5 毫米。

③ 过渡型巢房：主要用于加固巢脾和贮存食物，位于工蜂房和雄蜂房之间，以及巢脾边缘。

④ 王台：正常情况下，蜂群到了繁殖高峰期，将要产生分蜂时就会出现王台。王台专门用于培育新蜂王用，多出现在巢脾下缘或两侧边缘，一般3～5个。工蜂先筑造口朝下呈杯状的台基，随着台基里幼虫的长大，工蜂会逐渐将台基加高到封盖，封盖后就叫王台，形似一个花生果。当蜂群突然失去蜂王时，工蜂会把巢脾上有低日龄幼虫的巢房改造成用于建造王台的台基，进而形成急造王台。急造王台可在育子区出现，不一定在巢脾的下缘，数量也比较多。

在一般情况下，巢脾的上部是蜜蜂用于贮存蜂蜜的地方，叫贮蜜区；巢脾的中下部是蜜蜂用于育子的地方，叫育子区；在贮蜜区和育子区之间，是蜜蜂用于贮存花粉和蜂粮的地方，叫贮粉区（图 5－4）。这三个区的大小比例，因外界不同条件和蜂群内不同时期的需求而有所不同，一般处于中间的育子区最大。巢脾的分区也是蜜蜂在进化过程中形成的一

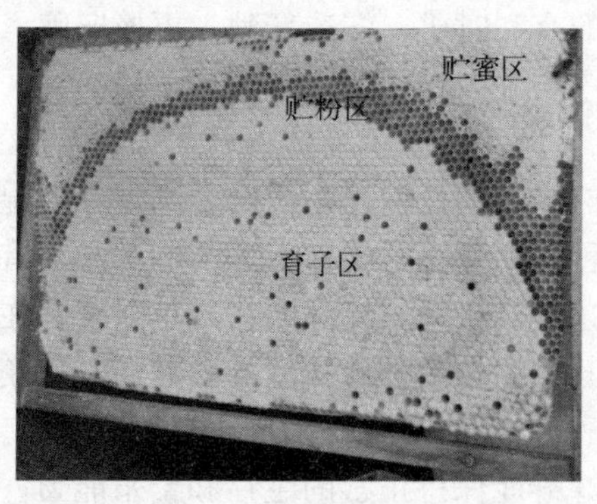

图 5－4　巢脾的分区

种对环境的高度适应性，蜂粮（由花粉和蜂蜜经蜜蜂加工而成，为蜜蜂大龄幼虫的主要食料）紧挨着育子区，有利于工蜂就近搬运食料来饲喂大龄幼虫，也为养蜂者收获蜂蜜提供了方便。

蜜蜂幼虫在巢房里化蛹之前，会吐丝作茧和蜕皮，出房后这层茧衣和蜕皮就留在巢房里。随着育子次数的增加，巢房的容积会越来越小，颜色也会越来越深，最后会变成深褐色，这种巢脾叫老巢脾。老巢脾育成的蜜蜂个体小，且由于老巢脾还是巢虫（大蜡螟）的食物，所以中蜂会通过咬脾的方法来去掉老巢脾，体现出中蜂对巢脾有“喜新厌旧”的行为。因此，饲养中蜂时要及时淘汰老巢脾，在华南地区，由于周年蜜蜂都可繁殖，所以一年要换巢脾两次；其他地区要视巢脾的情况而定，但一张巢脾最好不要使用超过两年。

巢脾是蜜蜂繁殖和生活的场所，中蜂喜欢在新巢脾上育虫和贮蜜，因此在养蜂生产中，应利用蜂群内外的有利时机，多造新脾，更换旧脾。

2. 蜂巢的温湿度

自然界中的任何生物都会受到外界温湿度的影响。每种生物要正常生存、繁衍，都必须有适宜的温湿度条件。蜜蜂属变温动物，单只蜜蜂在静止状态时，其体温会受外界气温的影响而产生变化。东方蜜蜂和西方蜜蜂在进化过程中，为适应外界环境，使蜂群能保持正常的生存和繁殖能力，形成了营社会性“抱团取暖”的群体生活，筑成了多片状、球形的蜂巢，有利于保温。蜜蜂选择在冬暖夏凉的环境中筑巢，就是想给蜂群营造一个较适宜的温湿度环境。

(1) 温度对蜜蜂的影响 蜜蜂在不同发育阶段对温度的要求有所不同，三型蜂之间也有差异。成年蜂生活的最适宜温度为 18～25 ℃；中蜂活动的最低安全临界温度为 10 ℃；工蜂飞翔的最适气温为 15～25 ℃；蜂王和雄蜂飞翔的最适气温为 20～25 ℃。蜜蜂幼虫对温度的要求非常严格，最适巢温为 34.4 ℃，高于 35 ℃或低于 34 ℃都会影响蜜蜂蜂子的正常发育，轻者造成蜜蜂体质差、寿命短，或翅膀发育不正常、不能飞翔，重者造成蜜蜂死亡。

根据成年蜜蜂在不同温度下出现的反应，可分为 5 个温区：

① 致死高温区：温度达到 50 ℃以上，蜜蜂出现异常急躁，继而昏迷死亡。

② 亚致死高温区：温度在 40～50 ℃，蜜蜂会出现代谢失调。蜜蜂长时间处于此温度时，会采水和长时间扇风降温，寿命会缩短，且会大量消耗饲料。

③ 适宜温区：温度在 15～35 ℃，蜜蜂能正常进行采集活动，饲料消耗最少，寿命也最长。

④ 亚致死低温区：温度在 0～10 ℃，蜜蜂出现肌肉僵硬，停止飞翔。通过短时间升温可以使蜜蜂恢复活动，但长时间低温蜜蜂有冻死的可能。

⑤ 致死低温区：温度在 0 ℃以下时，蜜蜂会

通过加强新陈代谢来产生热量，但当产生的热量无法补偿损失的热量时，蜜蜂的一切活动就停止；温度在－6 ℃以下时，蜜蜂会因体液冻结而死亡。

（2）蜜蜂对蜂巢内温度的调节 在没有进行育子的蜂群内，蜂巢的温度在 14～32 ℃；育子的蜂群，其育子区的温度在 34～35 ℃；温度太高和太低，都会影响蜂子的发育。在一定环境温度范围内，蜜蜂可通过各种活动来调节巢内温度。

蜂群正常活动时，蜜蜂的新陈代谢会产生一定热量，使巢温比气温高 8 ℃左右，具体温度视蜂群群势而有所变动。当气温在 28 ℃以上时，工蜂会开始进行降温的活动；当气温高于 30 ℃时，工蜂出勤减少；当气温高于 40 ℃时，除采水外，工蜂的其他采集活动都处于停止状态。

当温度太高时，蜜蜂会通过“疏散”、静止、扇风和采水等方式来降低巢温。当温度升高时，附在子脾上的蜜蜂会自动散开，部分甚至会离开巢脾附着在蜂箱壁上静止，有的还会飞到蜂箱外，以减少因新陈代谢而散发的热量。若温度继续升高，蜜蜂就会振翅扇风，加快巢内空气的流通；若温度没有下降，工蜂就会从外界采水并涂布在巢房壁上，同时强烈振动翅膀扇风，通过使水分蒸发来降低巢温（图 5－5）。但如果长时间高温高湿，则会严重影响蜜蜂的生存和繁殖，蜜蜂会以飞逃的方式另觅适合的环境并筑建新居。

当温度太低时，蜜蜂会通过紧密聚集和加强新陈代谢等方式来产热，以提高巢温。当外界气温降

图 5-5　蜜蜂在巢门口扇风（罗岳雄摄）

到 8 ℃以下时，大量的蜜蜂会密集在子脾上，形成球状，温度越低，蜜蜂聚集越紧密，以缩小表面积，减少热量散失。同时工蜂会取食巢脾上的贮蜜，并通过自身的生命活动和胸部肌肉的运动来产生热量。有关研究显示，此时蜜蜂胸部的温度可达 42 ℃，进而提高巢温。在高寒地区和寒冷季节，只要蜂群的巢脾上贮存有足够的蜂蜜和对蜂群做适度的保温，蜂群就可以安全渡过寒冷的天气。

（3）蜜蜂对巢内湿度的调节　蜂群正常生长发育也需要一定的湿度条件。湿度一方面影响蜜蜂的代谢，同时也影响病原微生物的繁殖，另外也影响蜜蜂对温度的调节。跟温度一样，蜂巢内的湿度也受环境湿度的影响。在一定环境湿度范围内，蜜蜂也能对蜂群中的湿度进行调节。

蜜蜂对湿度的适应范围比较大，一般情况下，蜂巢中央区域相对湿度在 76%～90%，其他区域在 30%～95%，变动范围都比较大。大流蜜期蜂箱的湿度可以达到饱和，但此时蜂巢内部的湿度并不是很高，相对湿度在55%～65%，这有利于加快蜜蜂酿蜜时蒸发的水分排出。

水分是蜜蜂调节温度的载体，蜂巢中温度过高时，蜜蜂就是通过扇风使水分蒸发并带走热量。但如果蜂箱中温度太高，也不利于蜂巢中水分的排出。可见对蜜蜂来说，在调节温湿度时，都要付出巨大的劳动。因此，在高温季节，蜂场一定要注意创造阴凉和相对干燥通风的环境条件。

强群对湿度的调节能力较强，如在流蜜期，强群可调节巢内的相对湿度在55%左右，弱群只能调节湿度在65%左右，由此可见，强群对温度和湿度的调节能力均强于弱群。组织强群收蜜，除采集能力强以外，其酿蜜能力也强，可更快提高蜂蜜的浓度。因此，对中蜂来说，强群是高产的保证。

在需要越冬的地区，蜜蜂越冬时，蜂巢中的蜂蜜只有通过从周围空气中吸收水分才能保持不结晶，也才能被蜜蜂取食，此时环境的相对湿度最好保持在70%左右。

总之，蜂巢内的温湿度在一定的范围内可由蜜蜂的活动来调节，但长时间处于不良温湿度环境中的蜂群，蜜蜂为了调节温湿度就要付出巨大的代价。这种代价包括：①消耗大量饲料；②蜜蜂得不到适度休息，从而影响其体质和寿命；③蜜蜂的繁殖力和后代的抗逆性受到影响。因此，在饲养管理中，要人为创造一个适于蜜蜂生存的蜂巢温湿度环境，以提高蜜蜂的抗逆性。

（三）蜜蜂的信息传递

为了适应群体性生活，蜜蜂形成了发达的信息系统，通过蜂群内个体之间的信息传递和交换，使整个蜂群形成一个有机体，有条不紊地进行各种活动。蜜蜂的信息传递主要依靠舞蹈和信息素。

1. 蜜蜂的语言——舞蹈

对蜜蜂进行观察时，经常可见个别蜜蜂在巢脾上振动翅膀，摆动身体，不停绕圈活动，这就是蜜蜂舞蹈。

蜜蜂舞蹈是工蜂之间互相传递信息的一种方式。工蜂在巢脾上的舞蹈有圆舞、摆尾舞等，不同的舞蹈传递着不同的信息。破译蜜蜂舞蹈所传递的信息，是养蜂学上的一个重要发现。

侦察蜂在外界采集花蜜回巢后，将花蜜从蜜囊中反吐出来给其他工蜂，然后就开始舞蹈，用肢体动作告诉其他工蜂外界蜜源的情况，召唤其他工蜂去采集。

（1）圆舞　当侦察蜂在距蜂巢不远的地方采集到花蜜时，会在巢脾上兜着小圆圈飞行，一会儿向左转圈，一会儿向右转圈，这就是圆舞（图 5－6）。其包含的信息是离蜂巢不远的地方存在蜜源。当侦察蜂在跳圆舞时，有些工蜂会紧随其后，并不时用触角接触舞蹈蜂的腹部，这样舞蹈蜂身上附着的花香气味就会传递给其他工蜂。圆舞只能表示蜜源就在附近，但不能指示具体的方向。

图 5-6 蜜蜂圆舞示意

(2) 摆尾舞 当侦察蜂在离蜂巢较远的地方发现蜜源时，回巢后就会在巢脾上跳摆尾舞。舞蹈蜂在巢脾上先绕一个半圆，然后急转弯以直线向舞蹈的起点飞去，再转向另一边绕一个半圆，随后又转弯沿刚才的直线向初始点飞去，这样整个舞蹈过程的轨迹就形成了一个完整的圆，也可看作是一个被压缩的 8 字（图 5-7）。当舞蹈蜂以直线飞行时，其腹部极力摆动，故这种舞蹈被称为摆尾舞。摆尾舞除可以反映蜜源的方向外，还可指示蜜源与蜂巢之间的距离。

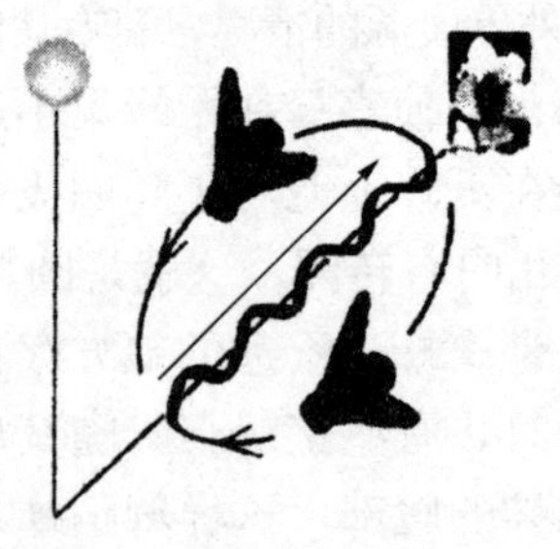

图 5-7 蜜蜂 8 字摆尾舞示意

注：蜜蜂 8 字摆尾舞转一圈用时 1 秒，表示蜜源距蜂巢 1 千米

2. 蜜蜂的信息素

蜜蜂在蜂巢内除通过舞蹈、声音和接触进行信息传递外，很多信息是通过信息素传递的。蜜蜂的信息素是由蜜蜂的外分泌腺分泌、成分复杂的化学物质，是一种外激素。通过蜜蜂个体间的接触和空气的传播，信息素可以直接影响蜂群的各种活动，协调着蜂群个体之间的多种行为。

（1）蜂王物质　是由蜂王分泌的一种外激素。这种激素靠工蜂传递，在蜂群内能维持蜂群有序的行为。

蜂群繁殖到一定程度时，由于工蜂的数量增多，或蜂王年龄大，身体新陈代谢下降，分泌的蜂王物质相对减少，所以工蜂会产生分蜂的欲望，从而引发分蜂热。当蜂群中失去蜂王时，蜂群内无蜂王物质存在，工蜂会出现短时的骚动，然后马上把有低龄幼虫的工蜂房改造成急造王台。

蜂王物质对工蜂的卵巢有抑制作用，当蜂王存在时，工蜂的卵巢不会发育。但失去蜂王后，经一小段时间，有少部分工蜂的卵巢就会发育并产卵，但所产的卵均为未受精卵，会全部发育成雄蜂，最终导致蜂群毁灭。

（2）蜜蜂的标识性气味和报警激素　工蜂腹部末节背板上有一臭腺，能分泌一种特殊的气味，用于招引同类，这种特殊的气味叫标识性气味。

标识性气味的作用包括：能招引远处的蜜蜂返巢；分蜂或飞逃时能招引蜜蜂团集；引导蜜蜂取

食，招引空中飞行的蜜蜂飞向蜜源；招引婚飞或离巢的蜂王归巢等。

蜜蜂还能分泌一种报警激素，能使蜂群处于高度警戒状态。当蜂群受到外界不良刺激（如敌害入侵、人为挤压、天气不佳时开箱检查引起蜜蜂不安等）时，受刺激的工蜂会释放一种外激素，在极短的时间内，可引起全群蜜蜂处于骚动的高度警戒状态，并群起攻击入侵者。

了解蜜蜂信息素，就可以掌握蜜蜂某些行为产生的原因，人为地去弊存利，加以利用。

（四）蜜蜂的本能行为和条件反射

1. 蜜蜂的本能行为

蜜蜂的本能行为是先天性的。蜜蜂的本能行为包括：蜜蜂的蜇刺、遇喷烟等不良刺激时大量取食贮蜜、向上集结、采集活动、筑巢喂子、酿蜜调制蜂粮、进攻入侵者（包括不同群的蜜蜂）、驱逐雄蜂、筑造王台、自然分蜂、为幼虫巢房封盖等。

从整体上来说，蜜蜂的本能行为是在漫长的进化过程中，为适应环境而形成的一种可遗传的行为，是物种生存所必需的。但有时也会存在不利的方面，如有些群势很弱的蜂群，受到分蜂群的影响，有时会跟着产生不正常的分蜂现象；有的蜂群失去蜂王后，出现工蜂产卵，在整个蜂群即将毁灭之际，该蜂群仍不肯接受诱入的产卵蜂王。

掌握蜂群的本能行为后，养蜂者可以创造一些有利的因素，使蜜蜂的本能行为向着有利的方向发展。

2. 蜜蜂的条件反射

条件反射属于蜜蜂的个体行为，是需要通过外界条件反复刺激而建立起来的一种行为。例如，蜜蜂刚出房时，不具有认识本群巢位的能力，但经几次试飞后，就能熟悉周围的环境，并产生记忆，飞出巢外后能准确飞回巢内，而不会飞到其他蜂群内；某种植物的花香可以建立起蜜蜂采集此种植物花蜜的条件反射。

蜜蜂的条件反射能较快建立，但也会较快失去；当外界条件改变时，其条件反射也会很快失去，所以需要建立新的条件反射。

养蜂者掌握蜜蜂的条件反射后，可以采取有效的措施来控制蜜蜂的某些活动。例如，通过训练使蜜蜂采集平时它们不喜欢采集的植物，这样就可以控制蜜蜂为某种植物授粉；用某种植物的蜂蜜去喂蜜蜂，可使蜜蜂在外界有多种植物同时开花时，较集中地去采集这种植物，从而获得较单一的蜂蜜。在短距离移动蜂箱时，应每天移动一小段距离，逐渐移向目的地；对于较远距离的移动，应一次性移到蜂群原来活动的范围以外。

（五）蜜蜂的营养与采集活动

1. 蜜蜂的营养

蜜蜂的生存和繁衍都需要从外界取得各种各样的

营养物质，这些物质包括糖类、蛋白质、脂肪、维生素、矿物质和水分等。这些物质主要靠蜜蜂在外界采集的花蜜和花粉来获取。蜜蜂的主要食物——蜂粮，就是蜂蜜和花粉调制而成的。

保证蜜蜂充足的营养是维持蜜蜂正常繁殖、生长、发育的必要条件，也是提高蜜蜂体质，减少病害发生的重要条件。因此，注重蜜蜂福利，保持充足的成熟蜜作为蜜蜂饲料，适当对蜂群补充蜂花粉等蛋白质饲料，是防控蜂病的重要措施。

工蜂只有在取食营养丰富的蜂花粉后才能正常分泌蜂王浆，蜂王也只有在取食蜂王浆后卵巢才能发育并产卵，而卵孵化后的小幼虫（不论工蜂、蜂王或雄蜂），其 3 日龄以内也都需要以蜂王浆为食，才能正常生长发育。

成年的蜜蜂只要有蜂蜜为食即可生存，但 3 日龄后的幼虫和幼蜂则需要取食花粉，才能正常生长发育。因此，缺乏花粉时蜂群就无法进行繁殖。此外，工蜂泌蜡造脾时，也需要同时取食花粉和蜂蜜才能分泌王浆。因此，当蜂群内的生命活动旺盛时，巢脾内必须有充足的花粉和蜂蜜同时存在，才能满足蜂群的需要。在外界缺乏蜜源植物时，就要对蜂群适当补饲糖水和花粉。

2. 蜜蜂的采集活动

蜜蜂从外界主要采集花蜜、花粉和水分。采集活动在晴暖天气较活跃，中蜂在 7 ℃以上时即可进行有关的采集活动，以 18～30 ℃时最适宜采集。

蜜蜂采集的最远距离可达 2 千米以上，但距离越短，每次采集所需的时间就越少，每天采集的次数就越多，且蜜蜂在飞翔中消耗的食料也越少。所以，放蜂场地一定要尽量靠近蜜源植物。

(1) 花蜜的采集和酿造 蜜蜂的嗅觉很灵敏，在飞行中，数百米外就能发现植物花朵分泌的花蜜，然后就会落到花朵上，用其口器特化成管状的喙，把花蜜吸进腹内呈袋状的蜜囊里，并混入含有转化酶的涎液。采集蜂回巢后将蜜囊内的花蜜吐在巢房里或将其交给内勤蜂进行酿蜜。

刚采回来的花蜜，其水分和蔗糖的含量都很高，因此内勤蜂会把花蜜含在口部的喙端，通过喙的反复抽缩，将花蜜反复吞吐，形成蜜泡，并加以扇风，使蜜汁浓缩。当蜜汁达到一定浓度后，蜜蜂就把蜜汁涂布在贮蜜区的巢房壁上，在蜂巢温度的作用下，加上蜜蜂的不断扇风，蜜汁中的水分就会不断蒸发，这样蜜汁的浓度就会逐渐提高。内勤蜂在酿蜜过程中，不断向蜜汁中加入转化酶，而蜜汁中的蔗糖在转化酶的作用下就会逐渐转化。酿蜜是反复进行的，当蜜汁的浓度达到一定水平（含水量在 20%以下）时，蜜蜂会把贮满蜂蜜的巢房用蜡进行封盖。刚开始封盖很薄，此时蜜蜂会不断把贮蜜的巢房封盖加厚，当巢房中蜂蜜的水分达到最高时，就成为成熟的蜂蜜，可长期贮存而不变质。当蜂群缺乏食物时，蜜蜂会把蜡盖咬掉，取食蜂蜜。养蜂者收获的就是蜜蜂贮存在巢房里的蜂蜜。

（2）花粉的采集 工蜂身上有高度特化的形态结构可用于采集花粉。工蜂发现粉源后便落在花朵上，用布满绒毛的身体沾花粉粒，并用六足刷集花粉，在飞行中，通过足的一系列刷集和传递，把绒毛上的花粉集中到后足的“花粉筐”中，堆积成团，带回蜂巢。

采粉的工蜂回巢后，把花粉团卸于靠近育虫区的巢房内，内勤蜂就会用口器和头部把花粉团嚼碎和夯实，并吐入蜂蜜湿润，制作成供育子用的“蜂粮”。当巢房中的蜂粮贮存到一定程度时，蜜蜂会在上面加一层蜂蜜，这样就可实现长时间保存。当外界缺少粉源时，蜜蜂就取食贮存的蜂粮。对中蜂来说，由于能利用零星的蜜粉源植物，巢内严重缺粉的现象较少发生，但有时在外界蜜粉源不足时，为促进蜂群的繁殖，也要适当补充饲喂花粉或代花粉饲料。

蜜蜂在采粉的同时，也对植物进行授粉，因此蜜蜂采集花粉的行为，对植物的授粉具有特殊的意义。

（3）水分的采集 蜜蜂的生命活动需要水分，其来源有大气中的水分、蜜蜂酿蜜排出的水分以及蜜蜂从外界采集的水分。但在一般情况下，花蜜中所含的水分已可满足蜂群的需要。当巢内湿度太低，或温度太高时，蜜蜂就会外出采水，以提高巢内湿度和降低温度。有时在蜂群繁殖高峰期（多发生于春季），会发现蜜蜂从外界采水，这可能是由于蜂群内缺水，也有可能是蜜蜂为获得水中的矿物质而进行的采集活动。在高温季节，如蜂场附近缺乏适合的采水场所（图 5－8），应对蜜蜂进行喂水；在早春蜂群繁殖高峰期，可用加适量食盐（一般不超过 0.5%）的水喂蜂。

此外，西方蜜蜂还有采集树胶的特性，而中蜂则无采集树胶的行为。

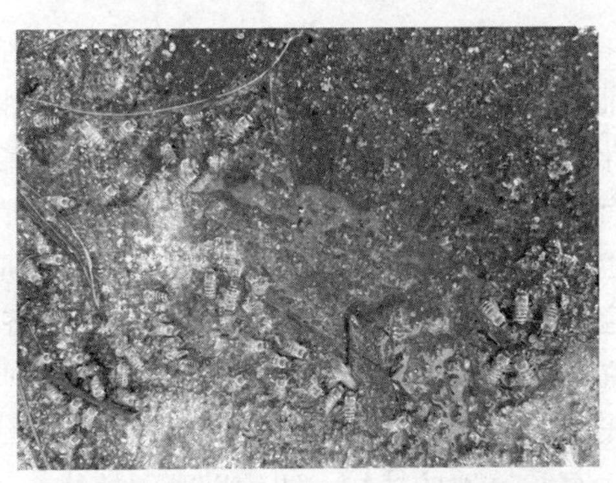

图 5－8　蜜蜂在采集石缝内渗出的水（罗岳雄摄）

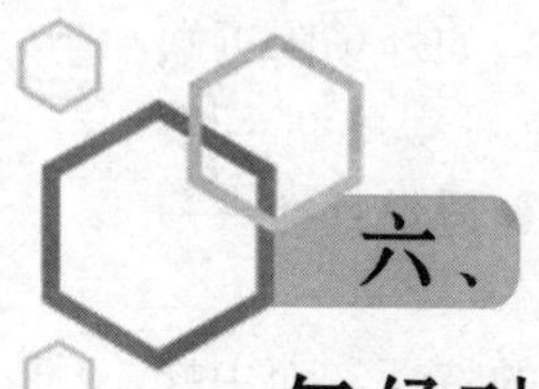

六、气候对蜜粉源植物的影响

能分泌花蜜供蜜蜂采集的植物叫蜜源植物，能产生花粉供蜜蜂采集的植物叫粉源植物，大多数植物既有花蜜又有花粉。蜜粉源植物是蜜蜂生存的基础，也是发展养蜂生产的物质基础，养蜂者应充分掌握蜜粉源植物的特点，才能取得良好的经济效益。

在蜜源植物里，养蜂者能在蜜蜂采集后收获商品蜂蜜的叫主要蜜源植物。蜜蜂采集后只能维持本蜂群生存和繁殖的植物，叫辅助蜜源植物。主要蜜源植物是养蜂者取得经济效益的植物，辅助蜜源植物则对蜂群的繁殖起着很大的作用，是理想的放蜂场地。实际养蜂生产中，除应有大量的主要蜜源植物外，还应有足够的辅助蜜源植物。

（一）我国蜜粉源植物概况

我国国土辽阔，南北跨度大，地貌多样，气候差异明显，形成了植物的多样性，其中有很多可供蜜蜂采集和利用的蜜粉源植物。据调查，我国的蜜粉源植物达到 14 000 多种。丰富的蜜粉源植物为养蜂打下了坚实的基础。

我国主要蜜粉源植物分布区域如下：

东北：椴树、胡枝子、向日葵、枣树、油菜、洋槐等。

西北：油菜、棉花、向日葵、枣树、刺槐、荆条、枸杞、党参、黄芪、老瓜头、荞麦、牧草、盐肤木、芝麻等。

华北：油菜、洋槐、向日葵、枣树、荆条、芝麻等。

华中：油菜、洋槐、向日葵、枣树、荆条、乌桕、柃、盐肤木、芝麻等。

西南：油菜、荆条、苕子、野坝子、野藿香、洋槐、荔枝、龙眼、盐肤木等。

华东：油菜、洋槐、枣树、荆条等。

华南：荔枝、龙眼、乌桕、柃、鹅掌柴、桉树、盐肤木等。

（二）气候对蜜粉源植物的影响及应对措施

蜜粉源植物开花泌蜜的丰度，受气候条件的影响很大。现在，很多养中蜂的蜂场在尝试转地饲养，有的甚至是超过 1 000 千米的转地，因此了解蜜粉源植物开花泌蜜的规律和影响因素，对转地饲养有着一定的指导意义。

1. 温度的影响

(1) 积温 植物正常生长发育、开花结果需要一定的温度积累，在植物学上叫积温。达不到植物正常生长发育所要求的积温，就会造成植物开花少、开花迟等现象。

（2）影响花芽分化 有的植物花芽的分化受温度影响很大，如荔枝在花芽分化阶段（一般是从小寒到大寒节气）需要一段3～10℃的低温时期，低温开始越早、持续时间越长，对花芽分化越有利。但在这段时间里，如果遇到阴雨天气也不利于花芽的分化。

（3）影响蜜粉源植物开花和排蜜 很多蜜粉源植物在花穗长出时如遇低温天气，会把花穗冻死或导致开花不正常，比如东北的椴树，一般在5月花穗开始抽出，此时如遇低温天气，就会影响开花，往往开花后马上落花；南方山区分布的山乌桕，在高温高湿条件下排蜜良好；我国中部分布的荆条，开花时如遇高温高湿条件，则排蜜量大，如遇干旱，则可能造成排蜜少或不排蜜。

2. 降雨的影响

不同湿度对花朵的生长发育会造成一定的影响。如降雨不足，则很多蜜粉源植物发育不良，开花就少。蜜粉源植物开花前如遇干旱，则会导致植物吸收不到充足的水分，开花时植物体内合成的糖分无法排出或排出量很少。蜜粉源植物开花时如遇降雨，则会把植物花朵上分泌的花蜜冲掉，蜜蜂同样采不到蜜。

3. 气候影响的应对措施

对于转地饲养的蜂场，在转地前要了解新场地蜜粉源植物的情况，才能取得好的经济效益。可以根据新场地过去一段时间的天气情况来预测蜜粉源植物开花泌蜜是否正常；也可参考当地的天气预报，了解蜜粉源植物开花期的温度和降雨情况，如果天气情况不利于蜜粉源植物开花泌蜜，则要慎重考虑，以免造成损失。

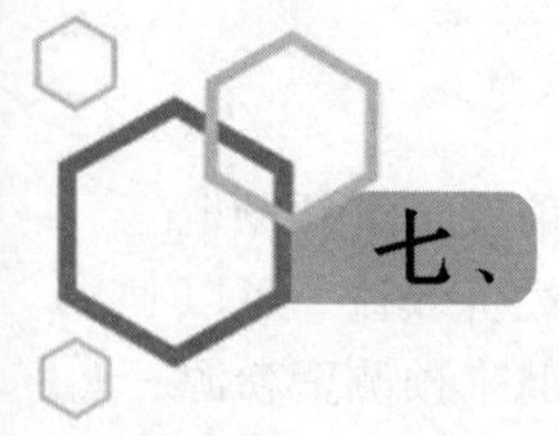

七、蜂　　具

蜂具是养蜂生产必不可少的基本条件之一。适合蜜蜂生物学特性、操作方便、便宜耐用的蜂具，是科学养蜂的前提。

随着养蜂业的发展和养蜂技术的提高，蜂具也在不断改进。开始时人们把蜜蜂饲养在空心木头里和木桶里，或饲养在竹片编成的竹笼里。从 19 世纪末期开始，随着西方蜜蜂及其饲养技术的引进和普及，活框式蜂箱、巢础和摇蜜机三大蜂具也开始在我国出现，并在 20 世纪 50 年代开始引用到中蜂饲养中。随着科学技术的发展和蜂产品的应用，蜂具也有了很大的改进，并向标准化、机械化、智能化发展，以更好地适应蜜蜂的生物学特性，满足规模化生产和机械化生产的需要。

对于养蜂者来说，主要的蜂具有蜂箱（包括巢框、隔板等）、巢础和摇蜜机（也叫分蜜机），还有囚王笼（简称“王笼”）、收蜂器、喷烟器、蜂帽、起刮刀、割蜜刀和饲喂器等。这些蜂具都可通过有关厂家和商店购买。现将各种蜂具介绍如下。

（一）蜂箱

蜂箱是用来供蜜蜂筑巢、生活和繁殖的场所。蜂箱既要能保持适当的温湿度，又要有良好的通风条件。以前，养蜂用的是树桶、木桶和竹笼等，但随着养蜂技术的发展，这种不便于管理的"蜂箱"逐渐被可以开箱、可以将巢脾提出检查的活框蜂箱所代替（图 7－1）。

图 7－1　现代活框饲养的中蜂箱（罗岳雄摄）

蜂箱一般要求用耐日晒雨淋、不易变形、无异味的轻质干燥木板（如杉木板等）做成，外面用油漆涂抹。蜂箱做好后，要等木头和油漆的气味消失后才能使用。为了便于蜂群的管理操作和实现机械化养蜂，同一蜂场的蜂箱及其附件（如巢框和保温板等）的规格要统一，以便于交换使用。蜂箱要求结构坚实、轻巧、实用，同时制作要方便，造价要低廉。

在广东地区，不同的养蜂者习惯用不同型式的蜂箱，最常见的蜂箱有从化式、中笼式和标准式三种。

(1) 从化式蜂箱 主要应用地区为从化、佛岗等地，其体积在三种蜂箱中最小，一般可容纳8个巢框。其生产性能较差，但有利于蜂群的繁殖，在早春季节，其繁殖优势更为明显。

(2) 中笼式蜂箱 主要应用地区为惠阳、河源等地，一般可容纳10个巢框，生产性能较好。

(3) 标准式蜂箱 为全国统一标准的中蜂十框标准蜂箱，可容纳10个巢框，已在全国各地推广使用。使用标准式蜂箱，是标准化生产的要求，其除具有较好的生产性能外，还可在不同蜂场之间调换使用。下文对蜂箱规格的介绍，均以标准式蜂箱为主，但各地也可因地制宜，选择适当的蜂箱。

此外还有GK式蜂箱，是国家蜂产业技术体系广州综合试验站结合广东省养蜂业存在的问题，开发的一款十框式蜂箱。其结构比较合理，较适于华南中蜂的饲养，增产效果明显。

一个完整的蜂箱由巢框、箱体、箱盖、隔板和闸板组成。现分别介绍如下。

1. 巢框

巢框是现代养蜂法活框蜂箱的重要部件，供给蜜蜂筑造巢脾的框格，也是制作蜂箱的依据。巢框由上框梁、下框梁和两片侧条组成。不同类型的蜂箱，所用的巢框规格不同（表 7－1）。

表 7－1　不同类型蜂箱的巢框规格

蜂箱类型	巢框内围（毫米）		有效面积（厘米^2）	巢框上梁（毫米）	
	宽	高		宽	厚
从化式蜂箱	355	206	731.3	25	20
中笼式蜂箱	385	206	793.1	25	20
标准式蜂箱	400	220	880.0	25	20
GK 式蜂箱	380	240	912.0	25	20

巢框内围的规格和巢框的数量，决定着蜂箱的大小。

在制作巢框时，上梁尺寸为长 456 毫米，宽 25 毫米，中间长 400 毫米的厚度为 20 毫米，两端长 28 毫米的厚度为 10 毫米；侧板尺寸为长 240 毫米，上 1/3 的宽度为 25 毫米，中间逐渐缩小，到末端的宽度为 15 毫米，厚 10 毫米；下梁的尺寸为长 400 毫米，宽和厚各为 10 毫米。均采用木质材料。这样做成的巢框内部空间尺寸为长 400 毫米，高 220 毫米。框架做成后，在内部空间等距离横拉 3 条 25 号或 23 号不锈钢丝，拉紧后不锈钢丝能发出清脆的响声。制成后的巢框及巢础框如图 7－2 所示。

2. 箱体

中蜂箱的箱体一般用厚 20 毫米的木板制成。

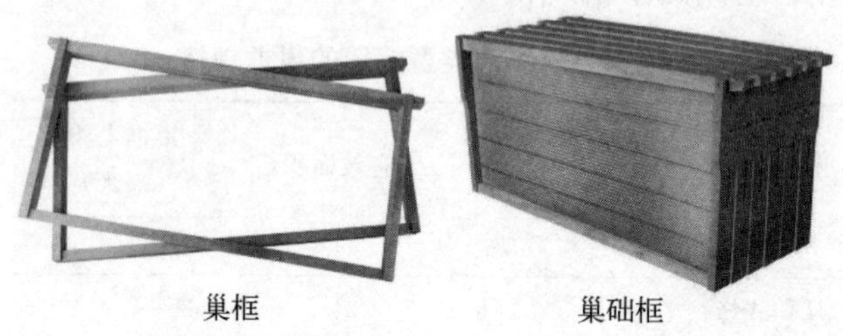

图 7-2 巢框和巢础框（深圳市益蜂蜂业有限公司提供）

箱体的规格如下：

下部（放巢框部分）内围：长×宽×高=440 毫米×370 毫米×247 毫米

上部（巢框上部空间）内围：长×宽×高=460 毫米×370 毫米×23 毫米

在箱体的两端靠底部的地方开巢门，可开一个 80 毫米×5 毫米（长×宽）的长条形洞，也可钻 5～7 个直径约为 6 毫米的小圆洞，每个洞相隔 2 厘米。巢门外用一 10 毫米长的木条（长度以盖住巢门为度），作为关闭巢门的门，可把木条的一端做成三角形，用另一条一端为三角形的木条卡住。在箱体两侧的左上方，各开一个 100 毫米×50 毫米（长×宽）的气窗，里面用铁纱网封住。气窗的外面也要有可开闭或调节的门。

3. 箱盖

箱盖内围以能盖住蜂箱上部即可，一般内围规格为长 482 毫米，宽 412 毫米，高 100 毫米。在箱盖侧面的顶部，每边各开 2 个活动小气窗，规格为

50 毫米×10 毫米（长×宽），可把开气窗时锯下来的小木块装回去，再钉上一根铁钉，即成为一个可以调节和关闭的小气窗。气窗的作用有两个：一是在转场运输过程中打开，可以通风；二是在大流蜜期，因蜜蜂在巢中酿蜜，蜂箱中湿度较大，这时打开气窗可加速蜂箱中水分的排出，有助于提高蜂蜜浓度、加快蜂蜜的成熟和减轻蜜蜂的劳动强度。

4. 隔板

当一群蜜蜂的群势不能充满整个蜂箱时，可用一块木板把蜂箱的空间隔开，使蜂群能更好地维持温湿度，这块木板就叫隔板。隔板的大小与巢框相同，只是用整块木板做成，木板厚度为 8～10 毫米。

5. 纱副盖

纱副盖是尺寸为 480 毫米×410 毫米×20 毫米（长×宽×厚）的木框，订上铁纱或尼龙网纱后制成。其作用是盖于巢框之上、箱盖之下。在低温时，可在纱副盖上加保温物；在转场过程中，当箱盖侧面的气窗被打开时，纱副盖既可以通风又可以防止蜜蜂走失。

6. 闸板

闸板用于把一个蜂箱隔开，形成可养两群蜜蜂的双群箱，其形状与隔板相同，只是规格稍大，尺

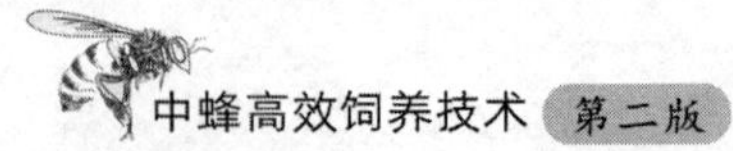

寸以能把蜂箱隔开、不让蜜蜂通过为宜。一般闸板上梁的长为 458 毫米，高为 23 毫米；下板高为 270 毫米，长为 444 毫米（比箱体内围长 0.4 毫米），厚为 8～10 毫米。在蜂箱壁两端的中间，开两条深为 2 毫米的槽，将闸板插入槽内，就能实现双群箱的稳固和密闭。

中蜂十框标准箱的结构如图 7－3 所示。

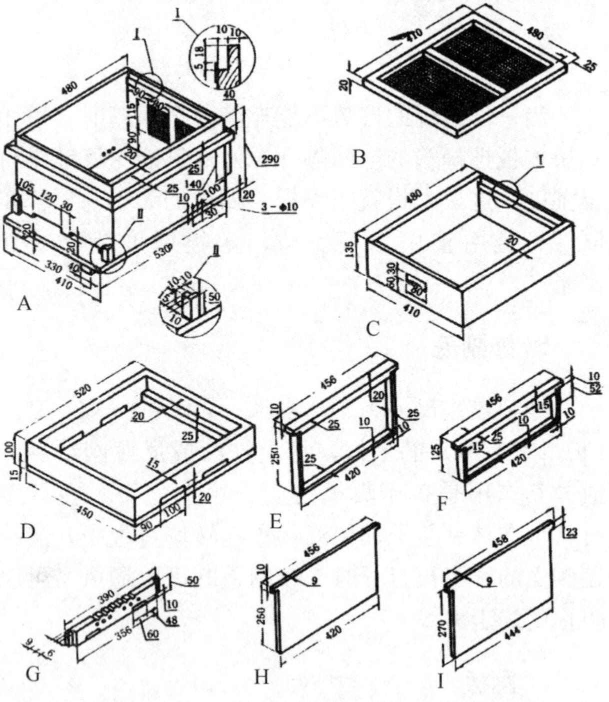

图 7－3　中蜂十框标准箱的结构示意（毫米）

A. 底箱　B. 副盖　C. 浅继箱　D. 大盖　E. 巢框　F. 浅继箱巢框　G. 巢门挡　H. 隔板　I. 隔堵板

（二）巢础

巢础是蜜蜂筑巢的基础，是人为模仿蜜蜂筑巢的生物学特性，把蜂蜡做成片状经巢础机压纹而成，其上压有蜜蜂巢房基部三棱形的花纹。巢础装在巢框上后，加进蜂群里，蜜蜂就会在上面做出一个完整的巢房。巢础可在相关商店购买。中蜂巢础要求巢房基大小要均匀，边角线明显，厚度要适中（以每千克 23～24 张为宜），厚薄要一致，蜂蜡香味要浓郁，无明显的石蜡气味（图 7－4）。

图 7－4　巢础（深圳市益蜂蜂业有限公司提供）

（三）摇蜜机

摇蜜机又叫分蜜机、收蜜机、离蜜机，最好用不锈钢或塑料等符合食品卫生要求的材料做成。其外层是一个桶，中间有一转轴，转轴两侧为放巢框的架，架上有摇把，摇把与中轴用齿轮连接（图 7－5）。近年来，为了减轻养蜂员摇蜜时的劳动强度，不少蜂具厂研制生产了电动摇蜜机。对中蜂来说，购买电动摇蜜机时，要注意挑选无级变速摇蜜机。

图 7－5　摇蜜机（深圳市益蜂蜂业有限公司提供）

（四）其他蜂具

1. 收蜂器

中蜂的收蜂器多用竹篾等编织而成，也叫收蜂笼。其形若无檐帽，顶部半圆，口径约 250 毫米，高约 350 毫米，里面用旧巢脾煮熔后涂上一薄层，顶端用一根绳子吊住（图 7－6）。

2. 囚王笼

囚王笼（图 7－7），简称“王笼”，其作用是幽禁蜂王。市售王笼一般用小竹条和塑料片做成，其

图 7-6　收蜂笼（罗岳雄摄）

间隙仅可供工蜂自由出入，蜂王不能进出。使用时把蜂王和几只工蜂一起扣在巢脾上（图 7-7）。也可自己制作王笼，用小铁丝以螺旋形绕成大小和形状都与小指一样的长筒状，长 25～30 毫米，一端密封，另一端开口，开口的一端留一小段铁丝，用来插进巢脾里。开口端用一块硬纸片或一枚硬币堵上即可。

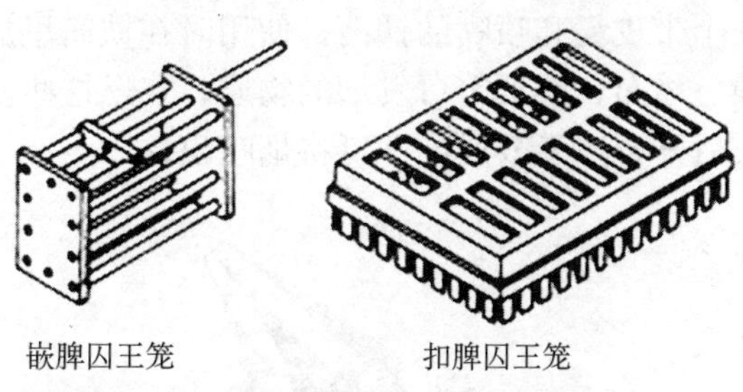

嵌脾囚王笼　　扣脾囚王笼

图 7-7　囚王笼示意（仿自张中印）

3. 蜂王诱入器

蜂王诱入器（图 7-8）用于向蜂群介绍蜂王时保护蜂王。其外形是用铁纱网做成的无底盒状，纱网的眼孔不能让工蜂通过。使用时把蜂王连同几只原群的工蜂一起，扣在介绍进的蜂群巢脾上（图 7－8）。

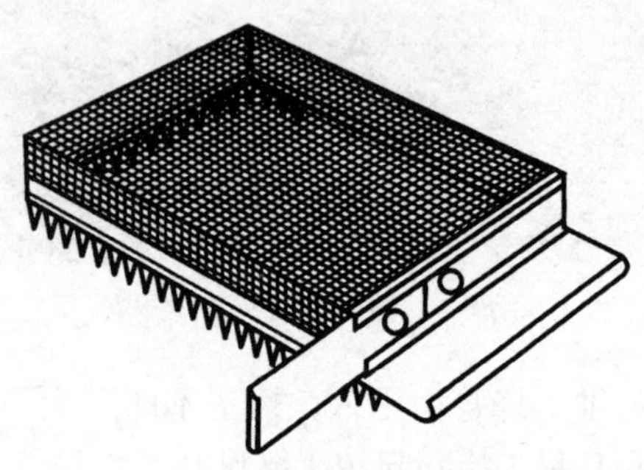

图 7－8　蜂王诱入器示意（仿自陈盛禄）

4. 喷烟器

喷烟器（图 7－9）用于对蜂群喷烟。其主体为一个带皮囊和喷嘴的铁筒。使用时在铁筒里加进谷糠、烂布、碎纸等可发烟的物质，点燃这些发烟物质后开合皮囊鼓风，即可将烟喷出。

图 7－9　喷烟器（深圳市益蜂蜂业有限公司提供）

5. 蜂帽

蜂帽（图 7-10）是养蜂者用于防避蜜蜂蜇刺的工具。其由面网和帽子组成，面网前面用黑纱织成，后面连接一块通风透气的布，帽子可用家用的草帽或其他帽子替代。

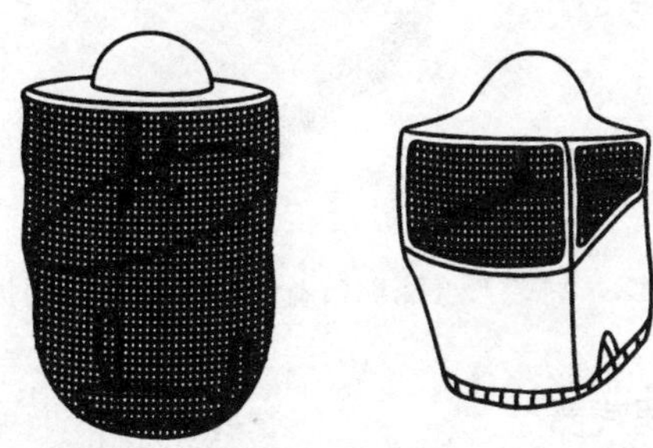

图 7-10　蜂帽示意（仿自张中印）

6. 起刮刀

起刮刀（图 7-11）是一把呈 L 形的铁片刀，两端宽，中间窄，一端有 10 毫米的长度呈直角折起。起刮刀用于检查蜂群时，撬开被蜂蜡粘住的巢框以及铲除赘脾等。

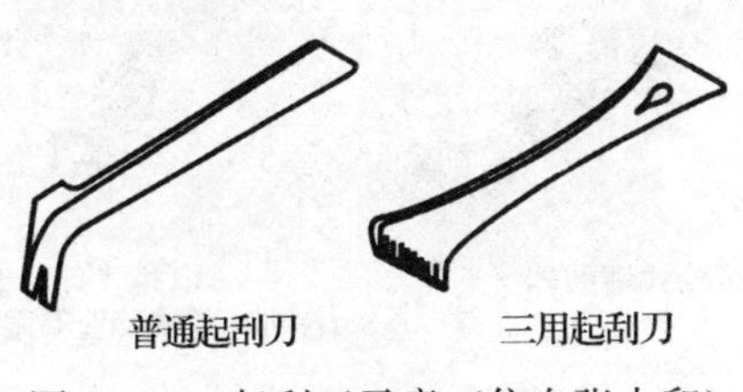

图 7-11　起刮刀示意（仿自张中印）

7. 割蜜刀

割蜜刀（图 7-12）用于收蜜时割开蜜脾上的封盖，可用长 250 毫米以上的薄口水果刀替代。

图 7-12 割蜜刀（深圳市益蜂蜂业有限公司提供）

8. 埋线器

埋线器（图 7-13）用于把巢础埋在巢框的铁丝上。市售的埋线器有齿轮式和电热式两种。也可自己在 25 瓦的电烙铁上端锉一小沟制成。最简单的制作方法是，用一根长约 150 毫米、粗 3～4 毫

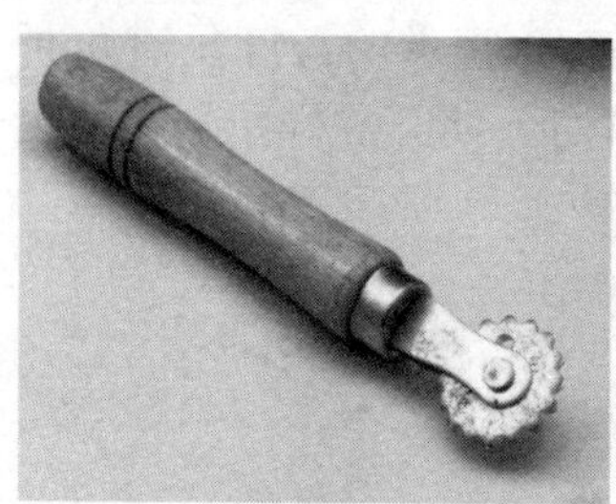

滚轮式埋线器

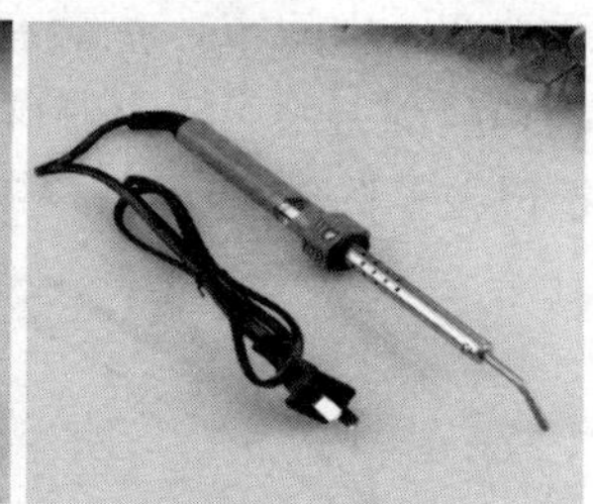

电热式埋线器
（深圳市益蜂蜂业有限公司提供）

图 7-13 埋线器

米的铁条，将其一端30毫米的长度弯曲成60°，弯曲部分的末端纵锉一小沟，铁条的另一端加装木柄即成，使用时将弯头置于炭火中加热到适宜温度。

9. 蜂刷

蜂刷（图7-14）是用白色鬃毛做成的刷子，用于刷落巢脾上的蜜蜂。蜂刷的毛要求浓密而柔软，在使用过程中要经常清洗。

图7-14　蜂刷（深圳市益蜂蜂业有限公司提供）

10. 饲喂器

饲喂器（图7-15）用于给蜂群饲喂糖浆。其样式有很多种，如巢框式（外形似巢框，或无顶盖的木盒）、盒式、瓶式等，在广东也有用盆、碗等容器替代。

11. 育王工具

饲养中蜂使用的育王工具一般有移虫针、育王框、蜡盏等。

(1) 移虫针　用于育王时移动幼虫。移虫针有多种类型（图7-16），我国养蜂者使用的为弹性

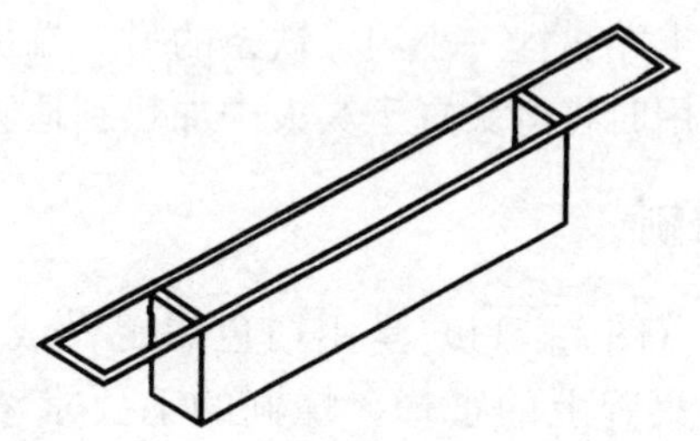

图 7-15 饲喂器示意（仿自张中印）

移虫针。其具有移虫速度快，伤虫率低的特点，深受养蜂者喜爱。

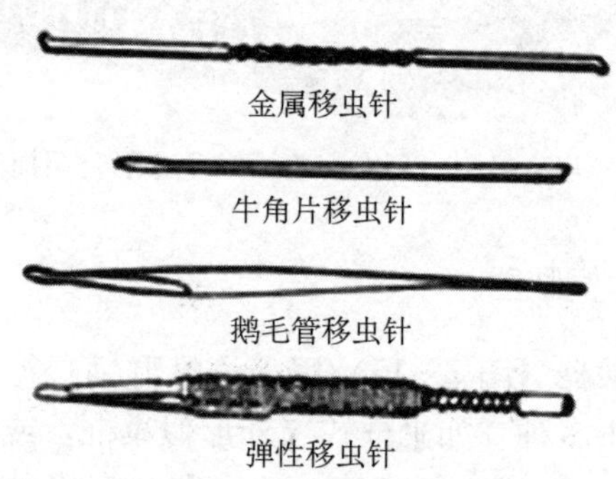

图 7-16 不同类型的移虫针示意（仿自陈盛禄）

（2）育王框 采用杉木制成，宽和高与巢框相同，厚为 15～18 毫米，框内有 3 条台基条供黏着蜡盏（图 7-17）。台基条通常设计成可拆卸式，以方便移虫或割取王台。使用时把人工台基黏附于台基条上，供移虫育王。通常每条台基条安装 7～10 个台基。

图 7－17　育王框示意（仿自张中印）

(3) 蜡盏　是模仿自然王台，人工制作的人造台基。用蜡盏棒蘸取熔化的蜂蜡，冷却后即可形成蜡盏。蜡盏棒的端部呈半球形，直径为 8～9 毫米，距端部 10 毫米处的直径为 9～10 毫米。蘸制台基时，事先把蜡盏棒置于清水中浸泡半天，然后提出甩去水滴，再垂直插入温度为 70 ℃的蜡液中，连续蘸 3～4 次；首次插入蜡液的深度为 10 毫米，之后逐次减少 0.5～1 毫米，形成底厚口薄的蜡盏。蘸好后连棒放入冷水中冷却片刻，即可脱下蘸制的蜡盏。

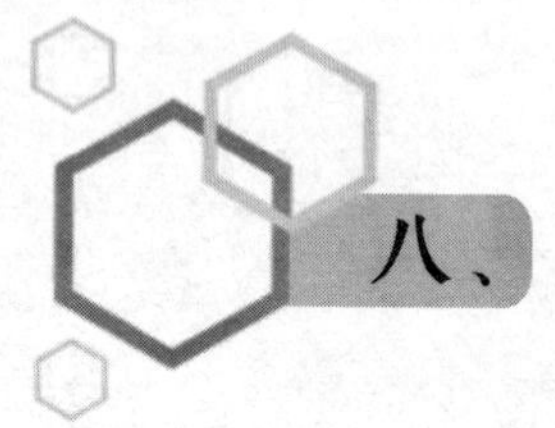

八、蜂　种

对于初学养蜂者，蜂种的来源有两个，一是购买，二是收捕。

养蜂者刚开始从事养蜂时，应从饲养少数蜂群开始，因此可先购买若干群种蜂来饲养，这样一方面可以逐渐积累经验，另一方面可以通过自己繁殖来逐渐增加蜂群数量。购买蜜蜂时，要从有选育蜂王条件的蜂场购买。要求购买的蜂王能维持5脾蜂以上的群势，最好购买刚交尾的健康新蜂王，此类蜂王的标志是体大足粗、腹部长而膨胀、全身绒毛明显、无伤残、行动自如、产卵迅速而不惊慌。

购买的蜂群应健康无病（图8-1），且群势要在3脾以上，蜂脾要相称（蜜蜂刚好布满巢脾），低温季节要求蜂多于脾（蜜蜂除布满巢脾两面外，还有多余的蜜蜂）。巢脾要求颜色较浅，表面平整，高度接近巢框，无蜜蜂啃咬的洞，无病虫害。同时要有较多的蜜蜂幼虫和封盖子存在，封盖子的封盖要整齐连片。巢脾上要有粉有蜜，这样的蜂群才较容易饲养成功。巢框要求紧密牢固，规格一致。购蜂时间最好是在外界有较多蜜粉源植物开花、气候比较稳定的季节，广东省的养蜂者宜在上半年的3—5月或下半年的10—11月购蜂，此时养蜂比较容易成功。

图8-1　健康的蜂群（罗岳雄摄）

各地中蜂为了适应当地的生态条件，形成了特有的生物学特性，出现了许多适应当地特殊环境的类型。国内中蜂可分为北方中蜂、华南中蜂、华中中蜂和海南中蜂等9个类型。在购买蜂种时严禁从不同类型的产区引进蜂种，只能购买当地的中蜂类型。

对有经验的养蜂者，可以通过收捕蜜蜂来获得蜂种。收捕蜜蜂在分蜂季节进行，方法是用诱捕箱从野外诱捕分蜂出来的蜜蜂，经一段时间的饲养，再过箱到活框式蜂箱里；也可在野外收捕野生的蜂群进行饲养。有关蜜蜂的收捕和过箱将在本书之后的内容中介绍。准备好工具和蜂种后，就可以进行养蜂了。

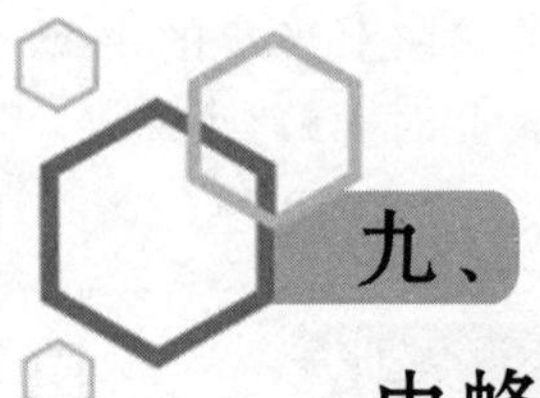

九、中蜂的基本管理技术

中蜂的基本管理技术是指养蜂者对蜂群进行管理时的一些必须掌握的操作技术，现介绍如下。

（一）放蜂场地的选择和蜂群的排列

1. 放蜂场地的选择

放蜂场地指蜂场摆放的场地及其周围的各种自然条件。放蜂场地的状况直接影响蜂群的生存、繁殖和蜂产品的生产。理想的放蜂场地应具备蜜粉源植物丰富、气候适宜、面积广阔、生活和交通方便等条件。

蜜粉源植物是蜜蜂赖以生存的首要条件，是蜂产品生产的基础。对于定地饲养的蜂场来说，蜂场附近全年都要有蜜粉源植物开花，其中应有大面积的主要蜜源植物（如果树等），以便养蜂者能收获到蜂产品；另外还要有多种花期相接的辅助蜜粉源植物（如各种野花等），以便于蜂群的繁殖。对于转地饲养的蜂场来说，周边除有主要蜜源植物外，在主要蜜源植物开花前后，也应有一定数量的辅助蜜粉源植物。此外，要注意蜂场附近不能存在有毒的植物，或需经常施用杀虫剂等农药的农作物。蜂场附近应有小沟或小河流，以方便蜜蜂采水，但要远离大面积的水库或湖泊，否则刮大风时会把飞行中的蜜蜂吹落水面而溺死，造成损失。

场地周围的气候会影响蜜蜂的飞翔和每天出勤时间的长短，同时也会影响蜜粉源植物的生长。一般来说，蜂场应选择地势干爽，周围有天然风障和稀疏林木的地方（图 9-1）。一般不宜选择在密林中建场，如果场地中的树林太密，可把蜂群摆在林边第一排和第二排树之间，以避免影响蜜蜂的飞行和使蜂箱通风透气。在山区，可利用山坡将蜂箱排列成梯田状。在气温较高的季节，应把蜂箱摆在阴凉通风的地方，避免烈日曝晒。在温度低的季节，要注意把蜂箱摆在背风向阳的地方，在山区则可摆在朝南背北、9：00—16：00 能晒到太阳光的地方。在暴雨季节，要注意防止山洪冲走蜂箱，造成损失。

图 9-1　中蜂场场地（罗岳雄摄）

摆放蜂箱的场地还要求宽阔，利于蜜蜂的飞翔。为了方便养蜂者的工作，同时要求放蜂场地周边应交通便利，具备一定的生活条件等。此外，蜂场要尽量远离人群聚集区、工厂和铁路等，尤其要远离化工厂，也不要靠近以糖为原料的工厂。蜂场和蜂场之间最好相距 2～3 千米或更远。

2. 蜂群的排列

一定要注意蜂箱间的距离不要太近，以防止蜜蜂因进错巢而被围杀。蜂箱间前后左右的距离最好保持在 3 米以上（图 9-2），对交尾群（等候交尾的处女王），最好摆在蜂场的边缘，同时尽量摆在一些目标明显的地方（如单独的大树下等）。

图 9-2 蜂场内蜂箱的排列（罗岳雄摄）

为保持蜂箱底部的干燥，蜂箱应用支撑架（如木棍、竹片等）承托，离地 40 厘米以上（图 9-3）。为避免雨水积聚于蜂箱和便于工蜂清理蜂箱，摆放蜂箱时应稍前低后高，但左右要保持平衡。对于定点饲养的蜂场，为防止地面的敌害（如白蚁和蚂蚁等）入侵，可在支撑架上涂一层凡士林，或捆一层用废弃滑润油浸泡过的纱布。蜂箱周围的杂草应铲除并开辟人行道。

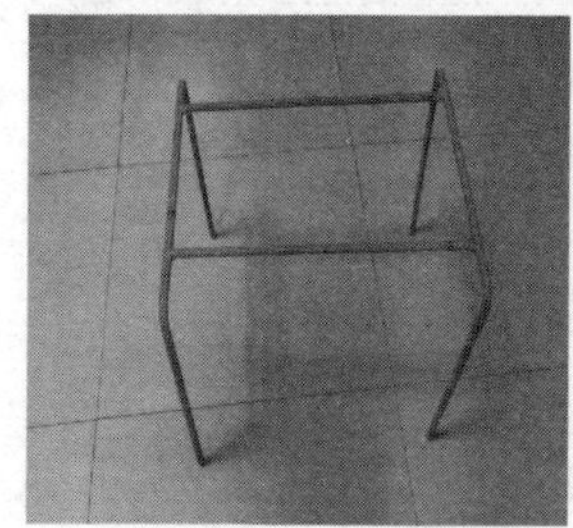

图 9-3　蜂箱支撑架（罗岳雄摄）

（二）蜂箱中巢脾的摆放方法

在广东省，中蜂的群势无法达到加继箱饲养，因此巢脾应放置于主蜂箱中。一般巢脾摆放于蜂箱的一侧，巢脾与蜂箱壁之间的空间用一块隔蜂板隔开，以后随着蜂群的不断壮大，巢脾数越来越多，隔板逐渐向外移，直到巢脾充满蜂箱后，即可撤去隔板。

巢脾与巢脾之间、巢脾与蜂箱壁之间需要保持一定的距离，这个距离在养蜂学上叫蜂路。蜂路是蜜蜂在蜂巢内的通道，可使蜜蜂在蜂巢内通行无阻，方便蜜蜂的各种活动，同时也有利于空气流通和维持较稳定的温度。

蜂路的宽窄要根据蜜蜂的习性和不同时期的要求来决定。蜂路过宽，不利于蜂巢保温，且易引起蜜蜂筑造赘脾，增加养蜂者提脾检查蜂群时的麻烦；蜂路过窄，不利于蜜蜂的活动，也易造成人为压伤蜜蜂。一般单蜂路（巢脾与蜂箱壁、隔板之间的距离）宽4～6毫米，双蜂路（巢脾与巢脾之间的距离）宽8～10毫米。当外界气温较低时，蜂路可调窄一些，如在冬季蜜蜂繁殖时期，单蜂路可以调节为4毫米，双蜂路可调节为8毫米左右；在高温季节或大流蜜期或产生分蜂热时，可把蜂路调宽一些，单蜂路可调为6毫米，双蜂路可调为10毫米或以上。

巢脾的摆放要符合蜜蜂生物学的要求。一般子脾放在中间（子脾面积最大的巢脾放在最中间，子脾面积较小的放在两边，使子脾形成一个球状体），粉脾放在子脾两侧，蜜脾放在外侧。

（三）蜂群的检查

为了解蜂箱内蜜蜂的变化情况，必须对蜂群进行一些必要的检查。由于蜜蜂喜安静、怕干扰，尤其是中蜂，开箱太频繁或开箱时间太长，都会使蜜蜂情绪暴躁，发生蜇人现象；且会引起巢温大幅变化，造成蜜蜂为调整巢温而消耗大量的饲料；也不利于蜜蜂的繁殖，甚至引起病害的发生。对于初学养蜂者，常常存在一种急于了解蜂群内部变化情况的心态，几乎每天都想开箱检查蜂群，这种心态对蜂群的稳定和繁殖是不利的，应加以克服。为此，对蜂群的检查，要有目的、有针对性地进行，应以箱外观察为主，尽量减少开箱次数。

1. 箱外观察

箱外观察是养蜂者了解蜂群内变化情况的最常用的方法之一，箱外观察的作用如下：

（1）观察蜜蜂的飞翔情况 如观察单位时间内出勤蜂的数量、带有花粉的蜜蜂数量、回巢蜜蜂腹部的饱胀程度，进而判断蜂群群势的强弱、繁殖情况和外界蜜源植物的开花情况。当外界有蜜粉源植物开花时，如蜜蜂出勤频繁，则说明群势较强；如蜜蜂采集花粉多，则说明蜂群中有较多数量的幼虫，繁殖情况较好；如回巢工蜂腹部较饱胀，则说明外界蜜源植物开花泌蜜较好。

（2）观察巢门口蜜蜂的活动情况 如果发现蜜蜂拖出死幼虫，则说明有病害发生；如果巢门口蜜蜂猛烈扇风，傍晚时有部分蜜蜂不愿进巢，在巢门口聚集成堆，则说明巢内蜜蜂拥挤、通风不良、巢温太高；当外界蜜源条件较好时，如果蜂场中大部分蜜蜂出勤积极，仅有个别蜂群的蜜蜂很少外出采集、工作疲怠、在巢门口形成“胡子蜂”，则有可能是分蜂的预兆；如果巢门口有一些老年工蜂转来转去、慌慌张张，守卫蜂处于高度紧张状态，则有可能有盗蜂发生；如果进出蜂巢的工蜂身上绒毛密布，则说明蜂群中青壮年工蜂多，但如果工蜂身上油亮发光，则说明蜂群中老年蜂多。

(3) 观察巢门口地面及蜂箱周围的情况 如果巢门口地面有死蜂，且死蜂的吻外伸，则可能发生农药中毒；如果蜂箱四周有些小颗粒状的动物粪便，其中含有未消化的蜜蜂残肢，则有可能是蟾蜍危害。

一般通过箱外观察，可大致对蜂箱内的蜂群状况有所了解，有必要时才进一步开箱检查。

2. 开箱检查

开箱检查就是打开蜂箱，提出巢脾进行观察（图 9-4），可准确地了解蜂群内的各种情况，以便及时采取适当的管理措施。开箱检查或多或少会影响蜂群的正常活动，因此开箱前应目的明确，切忌盲目、过多地开箱，且每次开箱应尽量缩短时间。

图 9-4 开箱检查（罗岳雄摄）

开箱检查应在气候条件较好时进行，如早春应在气温 14 ℃以上、天气晴朗时进行；炎热夏季必须避免在中午进行开箱检查，否则会引起蜜蜂情绪暴躁，猛烈蜇人。养蜂者还要注意保持自身干净、无异味，尽量穿浅色衣服，戴好蜂帽，并要携带喷烟器、起刮刀等，这样才能保证顺利地进行检查。此外，还要注意避开工蜂出勤高峰期对蜂群进行开箱检查。

因检查目的不同，开箱检查可分为局部检查和全面检查。

（1）局部检查 是指根据检查的目的，从蜂群中抽出一张或几张巢脾进行检查。观察边脾，可以了解饲料的贮存情况。如果边脾两上角无贮蜜，则说明饲料不足；如果整张边脾都没有蜜，则说明蜂群严重缺乏饲料。观察中间的巢脾，可以了解蜂王产卵和蜂群繁殖的情况。如果中间巢脾上不见蜂王，但可见有卵和低龄幼虫，且工蜂情绪稳定，则说明蜂王尚存；如果中间巢脾上没有卵，则说明蜂王已失或内外条件不利于蜂群的繁殖；如果巢房中的卵无规则、东倒西歪，或出现一个房眼中存在多粒卵等情况，则说明蜂王失去较长时间，已发生工蜂产卵现象；如果巢脾上的幼虫日龄参差不齐，或有烂子现象，则说明蜂群已发病；如果巢脾上有工蜂咬的洞和有白头蛹，则说明有巢虫危害；如果幼虫封盖整齐、未封盖幼虫饱满有光泽，则说明蜂群正常。此外，如果边脾上蜜蜂稀疏，则为蜂少于脾，应抽出多余的巢脾。

局部检查是养蜂者常用的检查方法，初学养蜂者应多加应用。

（2）全面检查 是指对每张巢脾都进行检查的方法，其检查内容与局部检查基本相同，但在需要全面了解蜂群情况时才会采用。由于全面检查是对每张巢脾的基本情况都进行观察，因此在判断巢脾的取舍及了解是否有王台存在等情况时，往往采用这种方法。

开箱检查巢脾要注意观察巢脾的完整性。如果上框梁有赘脾、巢脾的下边角已被蜜蜂补满，封盖子整齐，则说明此时蜂群内部已具备加脾的条件；如果巢脾缺糖断子，则蜂群有飞逃的可能，要及时采取措施进行处理。

开箱检查时，应先把蜂路的距离适当加大，再提脾；可先提最里面的巢脾进行检查，然后依次向外。

提脾时动作要轻稳，不要惊慌抖动，防止挤压蜜蜂。提脾的动作，每个养蜂者都应熟练掌握，提脾时用左、右手的拇指、食指和中指，分别抓紧巢框的两个框耳，垂直提起巢脾，检查完一面后，右手向上提，竖起巢脾，然后翻转 180°，再把右手往下压，左手向上推，就可保持巢脾框梁水平，底梁向上，这样就可检查另一面。检查完毕，应按原来相反的方向翻转回去，轻轻将巢脾放回蜂箱里，再检查下一张脾。全部检查完毕后要把蜂路调整好。有时也要把巢脾进行一些必要的调整，如把卵虫脾放在中间，两侧依次是封盖子、粉蜜脾，最后放好隔板，盖上蜂箱盖。

在检查过程中，同时还要注意对蜂群进行一些处理，如抽出多余的巢脾、去掉赘脾、割除不需要的王台和雄蜂蛹等，同时要做好蜂箱中的卫生清洁工作。

在检查时，如碰到蜜蜂发恶蜇人，应保持镇定，切不可丢脾和拍打蜜蜂，应立即把巢脾放回蜂箱中，盖上箱盖，停止检查，等蜂群安静后，再调整巢脾。

检查完毕，要认真对蜂群的所有情况进行记录。

3. 预防和处理蜂蜇

蜜蜂不会无故蜇人，只有在受到不良刺激时，才会用其尾部的螫针蜇人或其他动物。蜜蜂蜇人后，螫针连同毒腺和腹部末节一起断掉，蜜蜂自己也很快死亡，因此蜜蜂蜇人是不得已的防卫措施。

初学养蜂者，被蜜蜂蜇后，再见蜜蜂就会心里发怵，其实只要了解蜜蜂蜇人的原因，采取一些必要的措施，就能预防和减少被蜂蜇。

蜜蜂讨厌黑色、毛发和绒毛，此外，汗臭味以及葱、蒜、酒、香水和香皂等的气味也易激怒蜜蜂，因此养蜂者要注意自身的清洁卫生，经常洗头、洗澡、换衣服，检查蜂群时，不要穿着深色和毛织品的外衣，尽量不要吃有刺激性气味的食物。检查蜂群时要戴蜂帽，最好把衣服袖口和裤脚扎紧。

在遇不良的天气如阴雨、闷热、气温太高或太低时，蜜蜂易受到干扰而发生蜇人，因此应尽量避免在不良天气条件下开箱检查蜂群。

对缺蜜的蜂群、失王时间长的蜂群、老蜂多的蜂群、病害严重的蜂群和经常受干扰（如震动、烟熏、发生盗蜂、胡蜂等天敌危害）的蜂群，也容易发生蜇人现象。因此，对这类蜂群进行检查时要格外小心。

如果某只蜜蜂受到外力挤压致死，其临死前会释放出一种“报警”激素，使蜂群处于高度紧张状态，此时的蜜蜂情绪暴烈，极易蜇人。因此，在检查蜜蜂时，尽量不要压死或压伤蜜蜂。蜜蜂蜇人后，也会在被蜇的部位留下气味，其他蜜蜂会循味而至，追击被蜇者。

蜜蜂蜇人后，因其螯针有倒钩，会连同毒腺和腹部末节一起断留在人体内，与螯针连接的肌肉还会发生收缩，使螯针毒腺中的毒液注射入人体内。因此，被蜇后应立即用指甲刮去螯针，然后用清水冲洗伤口，有条件时可用肥皂水清洗，然后再继续操作。

在检查蜂群时，如果被蜂蜇应忍痛保持冷静，把巢脾轻轻放回蜂箱，不应丢脾逃跑，这样会引起蜜蜂围追攻击。如果遇到蜜蜂在头顶周围盘旋示威，则应低头闭眼，或就地蹲下，一般情况下蜜蜂很快就会飞走；也可低头从低矮的树丛中穿过，蜜蜂就会因找不到目标而飞走。

养蜂者被蜂蜇后，开始会产生疼痛感，继而被蜇处发生肿胀，严重时会发热。对炎症反应较轻的，一般在被蜇后 72 小时症状就会消失。被蜂蜇后，一般可不作治疗，但为了减少疼痛，可在被蜇后用氨水或其他碱性液体清洗伤口。对过敏反应严重者，可口服抗过敏药物，必要时及时就医。

对于养蜂者来说，被蜂蜇是家常便饭，蜂蜇的次数多了，人体内就会产生抗性，以后再被蜇时的反应就会很轻微。因此，只要操作时多加小心，被蜇后处理得当，蜂蜇就是不足为惧的。

（四）加脾和人工饲喂

1. 加脾

巢脾是蜜蜂栖息、繁殖后代和贮存食物的场所。在蜜蜂繁殖时期，如果巢脾不够，就会限制蜂王产卵，影响蜂群的增长，还会加速分蜂热的产生；在大流蜜期，如果巢脾不够，缺乏贮蜜的场所，就会影响蜂蜜的产量。因此，蜜蜂繁殖到一定程度就要加脾，以满足蜂群扩大的需要。此外，由于中蜂具有喜新脾厌旧脾的习性，所以往往要从蜂群中抽取旧脾并换上新脾，一般每年要换脾 1～2 次，以利于蜜蜂的繁殖；为了防止病虫危害，也有必要把旧脾抽掉，换上新脾。为此，养蜂者应适时往蜂群里加巢础，让蜜蜂筑造新脾。

（1）加脾的条件　加脾需要一定的内部条件和外部条件，如果条件不具备，强行加脾，则会适得其反，导致蜜蜂不仅不造脾，而且会影响蜜蜂对蜂巢温度的调节。一些初学养蜂者，急于扩大蜂群，往往在蜂群无加脾条件时也要强行加脾，这对蜂群不但无益而且有害，很容易引起病害的发生，应多加注意。

加脾的外部条件是外界有大量的蜜粉源植物开花，气候良好；内部条件是蜂巢中蜂多于脾，尚未产生分蜂热，并且有大量 8～18 日龄的青年工蜂，巢脾上的幼虫已封盖或接近封盖，边脾的两下角已被蜜蜂补齐，框梁的上方出现赘脾，无病害。

（2）加脾的方法 应先制作巢础框。可在巢框内横拉 3 条铁丝（现在大多数养蜂员采用直径为 0.5～0.6 毫米的不锈钢丝），把巢础切成长与巢框内围相同、高比巢框少 10 毫米左右的尺寸，两下角可切去边长 20 毫米的三角形。把巢础放在巢框里的铁丝下，紧贴巢框的上梁，将加热的埋线器放在铁丝上，向下轻压并慢慢拉动，把巢框的铁丝埋到巢础内。埋线器如用电烙铁改装，可通电加热；如用其他材料制作，可用火烧加热，但加热温度要适当，否则会造成巢础被熔穿。埋好线后，用熔化的蜂蜡把巢础的上边与巢框的上梁粘紧即压边（图 9－5）。做好的巢础框应平整、牢固。

在傍晚，将上好巢础的巢础框加进蜂群里，一般每次加一张，插于蜂群巢脾的中间或蜜粉脾和子脾的中间（图 9－6）。第一天晚上一般不留蜂路（与相邻的两张巢脾紧贴），第二天可视蜜蜂造脾情况，适当加大蜂路，等蜜蜂把新加的巢脾基本造好后，才恢复正常蜂路。在加脾的第一天晚上，可适当饲喂糖浆，以刺激蜜蜂造脾的积极性，加快造脾速度。如果蜜蜂造脾较差，第二、三天的晚上还要

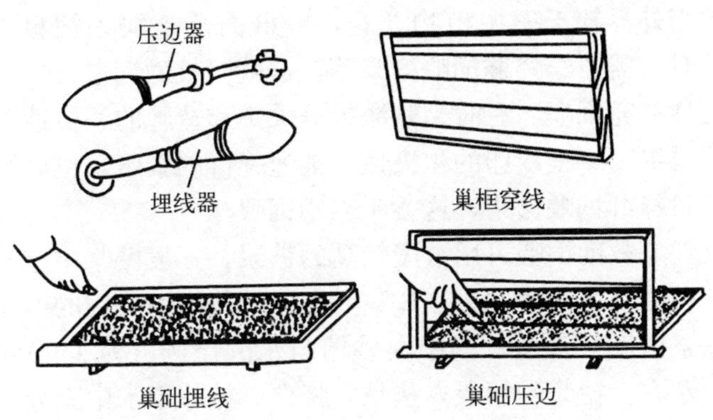

图 9－5　巢础框的制作示意（仿自戴自荣）

适当再奖励饲喂糖浆。如内外条件比较好，新加的巢础经过一晚往往可造好 60％以上，甚至全部造好。如能在两三个晚上造好，也算正常。在造好一张脾后，蜂王很快就会在上面产卵。如果内外条件很好，在第一张脾造好后，可再加第二、三张脾。

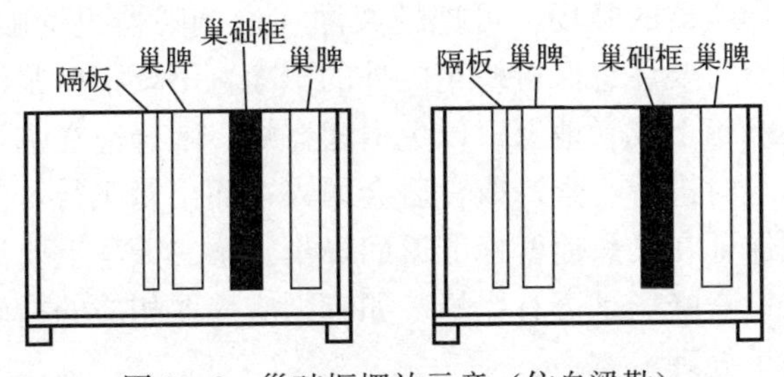

图 9－6　巢础框摆放示意（仿自梁勤）

2. 人工饲喂

蜂群的人工饲喂可分为救助饲喂和奖励饲喂。

当外界缺乏蜜源植物开花，蜂群内严重缺乏饲料时，需要给蜂群饲喂糖浆等，这就叫救助饲喂，也称补充饲喂。有时为刺激蜂群采集和造脾的积极性或提高蜂王产卵的积极性，加速蜂群的繁殖，也要对蜂群饲喂糖浆，这就叫奖励饲喂。

救助饲喂可用浓度较高的糖浆，一般糖浆中白砂糖与水的比例为（1.5～2）∶1。奖励饲喂用的糖浆浓度可低些，其中白砂糖与水的比例可为1∶1左右。糖浆的饲喂方法是，将白砂糖放于水中充分煮溶并冷却后饲喂，冬天气温低时，可在糖浆温度为20～30℃时饲喂。救助饲喂每次饲喂的糖浆量可以多些，但应以当晚蜂群能吃完为度；奖励饲喂只要饲喂少量糖浆即可。饲喂时，可在蜂箱保温板外，紧挨着保温板放置碗和盆等大口的容器，容器里放一些树枝等能漂浮的物体，以使蜜蜂在吸饱糖浆后能顺利爬离饲喂器，返回巢里，防止被淹死。有饲喂器的蜂场，可把糖浆灌注进饲喂器里饲喂。喂蜂时要注意保持蜂箱内外的干净，不要把糖浆洒在蜂箱上或者地上，以免引起盗蜂。喂蜂应在临近傍晚时进行，蜜蜂取食后会因兴奋而出箱飞行，但应保证在天黑前蜜蜂能返回蜂巢。第二天早上要注意检查蜂场是否有盗蜂，如有则应采取相应的措施给予处理。

有时为了促进蜂群繁殖，在外界缺乏粉源植物开花时，要对蜂群饲喂适量的花粉或花粉替代品（中蜂多用蜂花粉，代花粉的使用效果不好）。可把花粉先用少量水浸泡，再加蜂蜜搅拌，做成软膏状，于傍晚时涂在框梁的上方，让蜜蜂取食；如使用酵母片，可先把酵母片粉碎，再加上蜂蜜搅拌均匀即可。

在炎热季节，如果外界缺乏适合蜜蜂取水的地方，则要给蜜蜂喂水。可先在浅盘中放一些高出盘面的石头，然后向盘里加干净的水，把浅盘放在蜂场附近，让蜜蜂自由取水。在早春，可在水中加入微量（0.3%～0.5%）食盐，以便给蜂群补充矿物质元素。

（五）蜂群的合并和人工分蜂

1. 蜂群的合并

把两群或两群以上的蜜蜂合并为一群，叫蜂群的合并。

在养蜂生产上，饲养强群是夺取高产、稳产的保证，对于中蜂来说，饲养强群更为重要，因此要把弱群、失王后没有及时补充蜂王的蜂群进行合并。

蜜蜂是各自为群的昆虫，不同的群体具有不同的气味。蜜蜂借助灵敏的嗅觉辨别本群成员和他群成员。如果蜜蜂误入他群，往往会被他群的工蜂围攻致死。但在外界蜜源植物开花盛期，群体的特征性味道会相对减弱。因此，要成功合并蜂群，就要根据上述特性，采取适当的措施。

中蜂合并的原则：弱群合并到强群、无王群合并到有王群以及就近合并。如果需要合并的两群蜜蜂距离超过150厘米，则要通过逐日靠近（每天不超过50厘米）的方法，逐渐靠近后再合并。

中蜂合并的方法有直接合并法和间接合并法，可视具体情况运用。

(1) 直接合并法 适用于外界有蜜源植物开花时的蜂群合并。方法是选择要合并到别箱去的蜂群（为无王群），提前半天把巢脾移到蜂箱的中间，使蜜蜂全部聚集在巢脾上，而不附在蜂箱壁上，晚上待蜜蜂全部回巢后，连脾带蜂移到他群（如有王群）中，放在隔板外，使两群蜂的巢脾距离为5～10厘米，最好在巢脾上盖塑料薄膜，经过一晚两群蜂的气味就会混合，第二天再把隔板抽出放到巢脾的外侧，使两群蜂的巢脾互相靠近，当两群蜂靠近时能够和平共处，说明合并成功。如果两群蜂靠近时发生互相围杀，说明合并失败，应立即将其分开。在合并蜂群时，提脾和放脾的动作要轻稳，不要惊动无王群的蜜蜂，否则会导致合并失败。

合并的两群蜂中必须有一群是无王群，若两群都有王，则合并前半天要把较差的蜂王去掉，然后才能进行合并。合并后要注意检查巢脾上有无急造王台或自然王台，如有则应查找产生的原因，判断是否为蜂群失王而出现王台或原来蜂群中本身有王台存在，如果蜂群中有蜂王，则应把出现的王台毁掉。如能喷一些稀糖浆在两群蜂上，则合并的成功率更高。合并后的蜂群，应摆在原来两群蜂所处位置的中间。

应注意的是，中蜂的合并与西方蜜蜂不同，不能直接将两群蜜蜂合并在一起。

（2）间接合并法 适用于非流蜜期、失王时间太长以及蜂群内老蜂多的蜂群的合并。间接合并的方法跟直接合并基本相同，不同的是，在将两群蜂放在同一蜂箱后，应用铁纱将其隔开，两三天后再合并（图 9－7）。

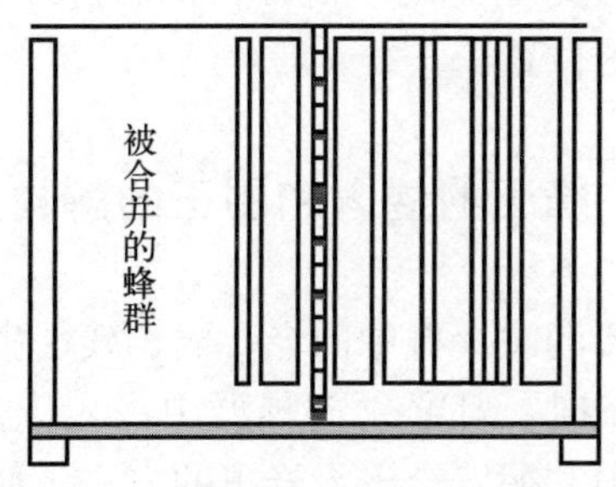

图 9－7 间接合并示意（梁勤提供）

2. 人工分蜂

人工分蜂是把一群蜜蜂人为地分为两群，是增加蜂群数量的常用方法。人工分蜂可有计划地使蜂群增殖，也可避免自然分蜂带来的管理不便。

最常用的分蜂方法是单群平分法，即在繁殖季节，把原来强大的蜂群按等量的蜜蜂和巢脾分成两群。

人工分蜂操作方法：把一个空蜂箱平行地放在原群旁，巢门同向，以原群为中点，两箱各搬离约 50 厘米，从原群中抽出一半的巢脾连蜂带王放进空蜂箱，原箱诱进一只产卵王或处女王，或成熟的王台，组成新群。如诱入的是处女王或成熟王台，最好在蜂箱巢门前贴青色或蓝色标志，以帮助处女王试飞或防止处女王在交尾回巢时进入他群。分群后的第二天，如果出现蜜蜂向一个蜂箱偏集的现象，可通过移动蜂箱的方法来调整蜂量，将进蜂多的一群移远一些，将进蜂少的一群稍向中点靠近。如果处女王交尾失败，则可以将两群蜂重新合并，放回原来的位置。

（六）蜂王的诱入和围王的解救

如果要淘汰蜂群中的老、弱、残、劣蜂王或蜂群意外失王时，都必须向蜂群中诱入优良的蜂王。因此，必须掌握安全诱入蜂王的方法，如果不顾蜂群的内外条件，采取不当的措施，往往会出现工蜂围杀新蜂王的情况。

诱入蜂王（也叫介绍蜂王）与蜂群合并时的要求基本相同，都是使诱入的蜂王与蜂群的气味相同。由于中蜂的嗅觉特别灵敏，所以除处女王采用直接诱入外，一般都采取间接诱入的方法。在诱入蜂王时要做好准备工作，如给蜂群更换蜂王，要提前0.5～1天，将要淘汰的蜂王从蜂群捉出；若给无王群诱入蜂王，最好在蜂群失王后3天内进行，较易成功。诱入蜂王前，要把巢脾上所有的王台毁掉；若给强群诱入蜂王，最好把蜂群迁出原址，使部分老蜂从蜂群中分离出去；在断蜜期诱入蜂王时，应提前2～3天用糖浆对蜂群进行连续补充饲喂。

诱入蜂王也可分为直接诱入法和间接诱入法。

(1) 直接诱入法　只适用于大流蜜期蜂王的诱入。其方法是把蜂王直接放到无王群里，之后注意观察，如果出现工蜂围杀蜂王的现象，则要及时对蜂王进行解救，改用间接诱入的方法；如果工蜂对蜂王无敌意，则表明诱入成功。

(2) 间接诱入法　就是把蜂王关在诱入器里，并扣在巢脾未封盖的蜜脾上，经过1～2天，蜂王与介绍进蜂群的工蜂气味就会相同，此时如果看见诱入器外的工蜂在饲喂蜂王，则可将蜂王放出。在蜂王诱入器里，可同时关进七八只蜂王原群的幼龄工蜂，诱入蜂王的成功率会更高。对于从外地引进的优质蜂王，一定要采用间接诱入的方法。

当把诱入的蜂王放进蜂群或从王笼放出后，如果发生十几只或数十只工蜂把蜂王包围，形成蜂球，时间长了会把蜂王闷死，说明接受群的工蜂不接受诱入的蜂王，应迅速解救。可向蜂球喷洒糖浆或用烟驱赶工蜂，或者用手将蜂球轻轻投入温水中，工蜂会因受惊而飞走。如果蜂王已经受伤，则应舍弃；如肢体无损，行动敏捷，可再关回诱王器，并扣在其他蜂群的蜜脾上，1～2天后，再把蜂王扣在接受群中。

为了保证成功诱入蜂王，宜采用间接诱入法。

(七) 工蜂产卵的处理

工蜂是生殖器官发育不完全的雌性个体，当蜂

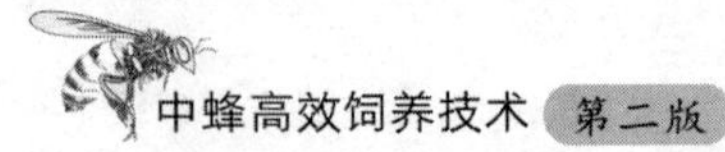

群中有蜂王存在时，工蜂受到蜂王物质的控制，其生殖器官发育受到抑制，不会产卵。如果蜂群失去蜂王的时间太长，蜂群中没有蜂王物质存在，有少量工蜂的生殖器官就会开始发育，并能产卵，这些卵全是未受精卵，以后都会发育成体格弱小的雄蜂，而雄蜂不会从事采集活动，最后必然导致蜂群灭亡。工蜂产卵的特性在中蜂中表现十分强烈，如果失去蜂王，蜂群在一周内就会出现工蜂产卵的现象，且在很短的时间内整群蜜蜂就会完全丧失生产力。因此，一旦发现工蜂产卵，一定要及时处理，以免造成严重的损失。

工蜂产卵的特征：在蜂群里找不到蜂王；巢脾上的卵很零乱、不规则、东倒西歪；一个巢房内往往有多粒卵同时存在（图 9－8）。而正常蜂王所产的卵，会在巢房上规则地分布，且每个巢房仅有一粒卵，卵坚固地粘在房眼的底部。

图 9－8　工蜂产卵：一个巢房内有多粒卵（罗丘雄摄）

工蜂产卵的处理方法：如果出现在弱群，可与相邻的蜂群合并；如果出现在中等群势的蜂群，可诱入一只蜂王，且在诱入蜂王前要先除去急造王台，然后调入一两张卵和幼虫较多的子脾放在蜂群中间，这样可以降低工蜂对诱入蜂王的敌意。

对出现工蜂产卵的蜂群，越早处理效果越好，如果出现工蜂产卵的时间太长，且大部分工蜂已衰老，则采用合并蜂群和诱入蜂王的方法都不容易成功，此时可以给出现工蜂产卵的蜂群诱入一个正常的老熟王台作为交尾群。如果无老熟的王台或介绍的王台被工蜂咬毁，可在当晚把蜂箱移开 1 米左右，在原位置放一个空蜂箱，第二天让外勤蜂飞入原位置的空箱内。给工蜂产卵的蜂群调入正常的巢脾，在晚上于隔板外放一张从其他蜂群抽出的连王带蜂的巢脾，第二天再把巢脾合并在一起，这样诱入蜂王的成功率较高。还有一个方法：在晚上将工蜂产卵的蜂群连蜂带脾从蜂箱里提出，放在离蜂场几十米以外的树上过夜，在蜂群原位置放一个空蜂箱，第二天早上从其他蜂群抽出一张带有幼虫的子脾，放在空蜂箱里。产卵的工蜂因眷恋原巢脾，不肯飞入原位置的空蜂箱内，而其他工蜂则飞入空蜂箱内，此时再介绍蜂王或王台，也较易成功。发生过工蜂产卵的巢脾要进行处理，才能重新放入蜂群。可将已封盖的雄蜂子脾用割蜜刀割除，并用摇蜜机把雄蜂蛹摇出，然后将子脾放在空蜂箱里两三晚，待子脾上的虫卵被冻死后再放回蜂群，让工蜂清理干净即可再次使用。

（八）分蜂热的解除

分蜂热是蜜蜂在分蜂准备阶段表现出的一种特征。当蜜蜂繁殖到一定程度时，就会产生自然分蜂（一群蜜蜂会自己一分为二），在分蜂产生的前期首先出现分蜂热。这时在巢脾的两下角会出现雄蜂房，蜂王会在雄蜂房里产下未受精卵，接着在巢脾的下缘会出现王台，同时工蜂出勤减少。分蜂热多在大流蜜期即将到来和蜂群处于繁殖盛期时出现。分蜂热一旦出现，就会严重影响工蜂出勤，接着产生分蜂，不利于形成强大的生产群，直接影响蜂蜜的产量；而且自然分蜂会增加管理上的麻烦。中蜂的分蜂性很强，很容易产生分蜂热，应视具体情况采取相应措施，化被动为主动。

1. 蜂群产生分蜂热的特征

（1）初期特征　蜂群的群势达到中等以上，巢脾上有大量幼虫并开始出现雄蜂房，蜂王在雄蜂房中产下未受精卵。此时蜂王产卵和工蜂采集的积极性都很高。

（2）中期特征　蜂群中的幼虫数量很多，且大部分为大幼虫或封盖的幼虫，雄蜂幼虫也已开始封盖，工蜂开始筑造王台，巢脾上的巢房多为蜜、粉、虫和蛹所占有，蜂王缺少产卵的巢房。此时如果外界条件适宜，蜂王就会在王台产受精卵。

（3）后期特征　巢脾上的幼虫大多数已经封

盖，王台也开始封盖。此时蜂群的群势进一步加强，出现大量的青壮年工蜂，且蜂多于脾，有部分青壮年工蜂散布于蜂箱壁和隔板外，同时工蜂采集积极性下降，出现消极怠工现象。

2. 解除分蜂热的方法

在分蜂热产生的初、中期，可采用下列措施进行处理，到了后期，只可用人工分蜂的方法进行处理。

（1）替换蜂王 用优质的处女王或新蜂王代替老蜂王或劣质蜂王。所选用的蜂王应从能维持强大群势的蜂群中选育。

（2）及时加巢础框造新脾 有时由于蜂群加脾不及时，造成工蜂过度密集，也易产生分蜂热，所以应在蜂群有加脾条件时，及时加进巢础框，让工蜂造新脾，使蜂王有足够的巢房产卵，防止或推迟分蜂热的产生。

（3）补强弱群 抽出封盖子脾补充到弱群，再加进卵虫脾或新的巢础框，以加大工蜂的工作量，控制分蜂热的产生。

（4）提早收蜜 在流蜜初期，对一些可能产生分蜂热的蜂群，提早进行收蜜，以促进工蜂采集，维持蜂群正常的工作状态。收蜜时要注意同时割除雄蜂蛹和王台。

（5）分离幼年蜂合并到弱群 从原群中抽出一半不带王的巢脾，连蜂放到另一个空蜂箱里，几小时后，外勤蜂飞回原巢，空蜂箱里剩下的为刚羽化出房的幼年蜂，把这些幼年蜂带适量的巢脾加到弱群里，既可抑制分蜂热，又可加强弱群。

(6) 人为模仿分蜂 把巢内所有的王台都毁掉，在巢门前放一块板，然后把蜜蜂逐脾抽出抖在板上，让工蜂自己飞回蜂箱，经几次抖落和对箱内巢脾的调整，往往可以消除分蜂热。

(7) 调整蜂箱的体积 有时由于蜂箱的体积太小，蜜蜂太密集，也很容易产生分蜂热，因此蜂箱的体积大小要适中。此外，要适当加宽蜂路。

经上述方法处理后，仍无法解除分蜂热的，就要进行人工分蜂，条件适宜时（如群势较大），可分成繁殖群（脾数较少）和生产群（脾数较多）。值得一提的是，对中蜂来说，单用去除王台的方法无法有效地解除分蜂热。

(九) 盗蜂的预防控制措施

盗蜂是指闯进别群巢内盗取贮蜜的蜜蜂。盗蜂多发生在外界缺乏蜜粉源植物开花的时候，其发生的原因很多，主要与巢内缺乏饲料和蜂群管理不善（如喂蜂时糖浆洒在地上、蜂箱破烂、蜂箱有缝隙以及巢门过大等）有关。盗蜂多发生在同一蜂场的邻近蜂群之间，两个蜂场距离太近时，有时也会发生蜂场与蜂场之间的互盗。盗蜂多数是缺蜜蜂群里的老年工蜂，这些老年工蜂会盗取防御能力较差的弱群、无王群、交尾群和病群等的蜂蜜。严重时会出现整场蜂互盗的现象。

蜂场一旦发生盗蜂，其损失极为严重，轻则被盗的蜂群秩序紊乱，贮蜜被盗光，工蜂死亡，蜂王遭到围杀，有时引起蜜蜂飞逃；严重时整个蜂场的蜜蜂普遍受害，一片混乱，甚至引起多群蜜蜂集体飞逃，几群或几十群蜜蜂抱成一团，处理不好则会全部毁灭。因此，防止盗蜂的发生，是蜂群管理上的一项非常重要的措施。对于蜂群严重缺乏食料的蜂场，遇阴雨绵绵、久雨初晴的天气，最容易发生盗蜂，此时要高度警惕。

1. 盗蜂的识别

盗蜂多为老年工蜂，其身体的绒毛脱落，油光发黑，常在被盗群蜂箱的缝隙和巢门口徘徊，举止慌张，并试图冲进被盗群的蜂箱里，但常遭到被盗群工蜂的拦阻。盗蜂有机会进入被盗群后，从巢门出来时腹部饱满。被盗群蜂箱周围常出现抱团厮杀的工蜂。为了准确判别盗蜂蜂群的位置，可在被盗群的巢门口撒白色粉末（如面粉、滑石粉等），然后巡查各蜂群，发现工蜂身上带白粉回巢的蜂群，就是盗蜂群。

2. 盗蜂的预防和控制

对于盗蜂应着重于预防，关键是常年饲养强群、保持充足的饲料、加强蜂群的管理等。在管理上，尽量减少开箱次数和时间；对无王群和弱群要及时进行合并；对缺乏食料的蜂群，要及时补充饲喂。喂蜂时，要注意以先喂强群、再喂弱群，以及饲喂的糖浆蜜蜂当晚能吃完为原则，防止糖浆洒在蜂场周围。同时要经常填补蜂箱缝隙，抽出的巢脾要及时处理，不要乱丢。此外，在缺乏蜜粉源植物开花的季节，要注意缩小巢门。

盗蜂发生时要及时处理。盗蜂发生较轻微的，应立即把被盗群的巢门缩小至仅能容一只蜜蜂进出，并涂一些有刺激性味道的物质，如煤油、樟脑油、氨水和石炭酸等驱赶盗蜂。如此法无效，就要找出盗蜂群，将其搬离蜂场，在盗蜂群原位置放一个空蜂箱，收集飞回的盗蜂。当晚给搬走的盗蜂群喂足糖浆，第二天再将其放回原地。将用于收集飞回的盗蜂的蜂箱放在原盗蜂群的上面，盗蜂就会逐渐飞回原群。由于盗蜂失巢一晚，加上巢内饲料充足，往往盗蜂就会停止盗蜜。当发生全场互盗时，所有的蜂群都要缩小巢门，夜晚给全场的蜂群都喂足糖浆，最好把蜂场搬迁到蜜源条件好的地方。

（十）中蜂分蜂和飞逃的处理

1. 中蜂的分蜂和飞逃

蜂群繁殖到一定程度时，老蜂王会带领大约一半的工蜂离开原群，另觅适合的地方筑新巢，这种现象叫分蜂。分蜂是蜜蜂增加群体数量的方法，对蜜蜂群体的繁衍具有重要的意义。中蜂的分蜂性很强，分蜂多发生在繁殖高峰期和大流蜜期前。

蜜蜂除了分蜂飞迁外，遇到不良的环境也极易发生飞逃，这个特点在中蜂中表现更为强烈。不良环境包括断蜜断子、遭受病虫害侵袭、巢内贮蜜被盗严重、连续强烈震动、有毒物品和强烈刺激性气味或浓烟的刺激、炎热高温、过箱不当以及人为干扰等，都会引起蜜蜂发生飞逃。这种现象在全年都可发生，但以外界缺少蜜粉源、病敌害严重的季节发生较多。蜜蜂一旦发生飞逃，除了会加大养蜂者的工作量外，也会造成一定的损失，因此在管理上要注意保持良好的条件，以防止飞逃的发生。

中蜂的分蜂和飞逃多发生在晴暖无风的天气，8：00—16：00均可发生。如果是久雨初晴，则一些断子断蜜的蜂群有很大可能会发生飞逃。

2. 分蜂和飞逃的处理方法

平时要加强蜂场的巡视，对出现分蜂热和有飞逃征兆的蜂群，要及时查明原因，进行相应的处理（如立即对即将分蜂的蜂群进行人工分蜂，对要飞逃的蜂群的蜂王进行囚禁、调入带有大量幼虫和贮蜜较多的巢脾、去除刺激物等）。若蜜蜂已飞出蜂巢，且离地较近时，可向空中撒沙子或喷水，迫使蜜蜂下降结团。一般情况下，分蜂的蜂群在飞离蜂巢后往往先在蜂场附近寻找适合的地点，如树干和屋檐等地方结团暂歇，等侦察蜂找到适合永久筑巢的地点后，再一次迁飞，这个过程从几小时到几天不等，也有极少蜂群在飞出蜂箱后马上飞向新巢点。如果是因环境不适而飞逃的蜂群，多数早已找到适合永久筑巢的地点，因此出巢后飞行迅速，虽暂时在蜂场附近结团歇息，但停留时间很短，稍受外界刺激（如震动等），蜂团会马上散开，飞向下一个地点，因此对飞逃蜂团的收捕应加倍小心。

在分蜂的季节，蜂场中有可能产生分蜂的蜂群存在时，在每天可能发生分蜂的时间里，要加强对蜂场的巡视，一旦发生分蜂，要及时跟踪，当蜂群停下结团时，应立即进行收捕。收捕蜜蜂常用的工具是收蜂器（也叫收蜂笼），如现场没有收蜂器，可用草帽、纸箱等替代。使用收蜂器时最好在外面蒙一层黑纱布，并在里面喷一点糖浆，以增加收蜂品对蜜蜂的吸引力。收蜂器的顶部要系一根绳子，用来缚于竹竿上或吊住蜂笼。

在飞离蜂箱的蜂群结团后，把收蜂器轻轻地罩在蜂团的上方，底部要接触蜂团，然后利用蜜蜂向上飞行的特性，用软扫帚、树叶、鹅毛或小草等，在蜂团下部轻轻扫动，蜂团就会慢慢向收蜂器里移动，等所有的蜜蜂进笼后，轻轻地把收蜂器放在蜂箱上或吊在树上。此操作过程要轻稳，千万不要惊动蜂团，尤其是对逃跑的蜂群，更要加倍小心，否则蜂团很容易散开。

蜂团收回后，要马上进行处理。可从原群或其他群酌量抽出卵虫脾，放在空蜂箱里，要注意卵虫脾上应无蜂王和王台存在。对逃跑的蜂群，巢脾上一定要有数量较多的低日龄幼虫和充足的饲料。把蜂箱放在适当的位置（一般分飞和迁逃的蜜蜂对原巢的位置早已忘记），关上巢门，打开箱盖，调整好巢脾，把卵虫脾放在蜂箱中间，蜜粉脾放在两侧，调整好蜂路，再把收蜂器里的蜜蜂用腕力抖在蜂箱里，盖上箱盖。10 分钟后，打开箱盖，查看蜜蜂是否上脾，如果没有上脾，则可用蜂帚或树叶等扫蜂上脾；如蜜蜂已上脾，则可打开巢门，让蜜蜂进行清理死蜂等工作，这样就已成功收蜂。当晚适量饲喂糖浆，以稳定蜂群的情绪。

对于分蜂迁飞的蜜蜂，其造脾的能力特别强，可以在第一天晚上在蜂群中加入新的巢础，让蜂群造新脾。

发生分蜂的原群，必须进行检查，在巢脾的下缘选留个大、端正的王台，其他王台要去除（可介绍到无王群、人工分蜂群或毁掉）。对飞逃的蜂群，要找出原因，并采取有效的措施进行处理。

对于蜂场来说，正常情况下，在同一时间内仅会有少数蜂群发生迁飞或飞逃。但对于管理不善的蜂场，有时可能出现多群蜜蜂同时发生飞逃，即集体飞逃。对集体飞逃的蜂群，因相互之间的影响，可能出现多群蜜蜂集结在一起，形成一个大蜂团的情况，这时工蜂会互相厮杀及围王，如处理不及时，有可能工蜂和蜂王全部死亡，造成重大的损失。

当出现蜜蜂集体飞逃且集结成一个大蜂团时，应立即进行处理，原则是先解救蜂王。可找出蜂王并分开关在王笼里，如果工蜂围王不散，可将围王的蜂团丢到水里，工蜂就会自行散开。然后取几个空蜂箱，调入带有各龄幼虫的子脾和蜜脾，再向结团的工蜂喷蜂蜜水，用饭盆或水瓢随意把工蜂分成几份，放进已调入子脾和蜜脾的蜂箱里，再把已解救的蜂王连王笼一起放进蜂群里。如果工蜂仍互相厮杀，则可再向蜂群喷蜂蜜水，等蜂群安静后再将蜂王放出。如果处理及时，方法得当，可收回一部分蜂群，减少损失。第二天要对收回的蜂群进行检查，对出现的问题进行相应的处理。

（十一）蜂蜜的收取

中蜂的主要产品是蜂蜜，因此在大流蜜期到来时，一定要取蜜。

1. 取蜜原则

取蜜的基本原则是看蜜源、看蜂群、看天气、巧取蜜和取成熟蜜。在大流蜜期，过早收第一次蜜或离第二次收蜜的间隔时间过长，会导致蜂群上蜜慢，蜂王会扩大产卵圈而相应缩小贮蜜区，影响蜂蜜产量；收蜜过迟，则不能调动工蜂出勤的积极性，对群势强的蜂群则容易出现分蜂热，也会影响蜂蜜的产量，因此取蜜一定要适时。在大流蜜期间，可把蜂路适当放宽到 12～15 毫米，这样既能提高蜂蜜产量，又能保证蜂蜜质量。

2. 取蜜时间

当大流蜜期到来时，天气良好，蜂群出勤积极，蜜蜂回巢时腹部饱满，有时需在巢门口歇息片刻才爬进巢里。晚上全场蜂群扇风酿蜜，发出的

“嗡嗡”声很响亮，巢脾贮蜜区基本封盖，此时即可进行收蜜。收蜜后如贮蜜区再次封盖，就可以再收一次蜜，一直到流蜜期将结束时为止。为保证蜂蜜的质量，每天的取蜜工作最好在工蜂出勤高峰期之前，一般在早上进行。

3. 取蜜方法

取蜜前要准备好摇蜜机、割蜜刀、带滤网的漏斗、放封盖蜡的盆、巢脾架、蜂帚、蜂蜜专用桶(如塑料桶、铁桶等，严禁使用不符合食品卫生要求的包装桶)、喷烟器以及干净的水和毛巾等。有关用具要用清水洗净后晾干。

打开蜂箱，用喷烟器向巢脾喷烟或大力吹气，蜜蜂会马上开始骚动并钻入巢里，此时可提起巢脾把蜂抖在蜂箱里。抖蜂要用腕力，动作要轻稳，要求抖两三下就把蜜蜂抖干净，尽量减少蜜蜂的伤亡。具体操作是：两手的大拇指和食指紧抓巢框框耳，手腕自然放松，用腕力迅速上下抖动，蜜蜂就会抖落在蜂箱里，巢脾上有时会剩下少量的蜜蜂，可吹落，也可用蜂帚扫落。提脾抖蜂时不能离蜂箱太高，以提起半个巢框高度为宜。抖蜂动作是养蜂的基本操作技术之一，每个养蜂者都应掌握，平时可用空脾多加练习，熟练之后抖蜂即可得心应手。

抖完蜂后，用割蜜刀割去蜜脾上的封盖蜡，可从育子区边缘开始向贮蜜区割，割封盖蜡时务求薄而平，不伤害蜜蜂的封盖子。在割封盖蜡时，可随手把巢脾和框梁上的赘脾割除。将割封盖后的巢脾放在摇蜜机里摇出蜂蜜，摇完一面再换一面。摇蜜时注意摇蜜机转速不要太快，否则会将大量的蜜蜂幼虫甩出，严重时还会损毁巢脾，尤其对新巢脾，摇蜜时更要充分注意。需将摇完蜂蜜的巢脾及时放回巢里，子脾放在中间，蜜脾放在两边，并调整好蜂路。对有病群的蜂场，要先收无病群的蜂蜜，再收有病群的蜂蜜。收完病群的蜂蜜后，要把有关用具清洗干净。千万不要将病群的巢脾放进无病的蜂群里。

将分离出来的蜂蜜经过滤后放在蜂蜜桶里，收蜜结束后，要把洒在地上的蜂蜜冲洗干净，以免引起盗蜂。同时还要注意巡视蜂场，发现不正常的蜂群，要及时进行处理。第二天还要检查蜂群，看蜂王是否失去或受伤，如蜂王已失或受伤，要及时诱入蜂王或换王。

在大流蜜期间，每张巢脾都可以收蜜，但在流蜜期末或天气不稳定时，每群蜂只可抽取部分蜜脾进行收蜜，这样既可以收到蜂蜜，又可以使蜂群保持有一定的饲料。收蜜时，如发现很多蜜蜂飞到摇蜜机抢蜜甚至冲进摇蜜机里，说明外界蜜源即将结束，应停止收蜜或仅抽取少量巢脾收蜜。

（十二）蜂场的转地饲养

在广东省，除少部分蜂场为定地饲养外，多数蜂场往往需要转地采蜜或为农作物授粉。中蜂以小转地（在广东省内转地）为宜，路程以一个晚上能到达为好。

转地前，必须先对新场地的蜜源、气候和蜂群放置的场所进行调查。对个别缺乏饲料的蜂群，要先补充饲喂少量的糖浆，以防止蜜蜂到达新场地后发生飞逃。但巢脾上的贮蜜也不能太多，因为在运输过程中会产生震动，贮蜜太多容易把巢脾震烂，导致蜜蜂被压死，造成损失。在炎热天气运输时，蜂箱内应有 1/3 左右的空隙，对满箱的蜜蜂可分成两个蜂箱运输。

不论用什么运输工具，在运输前一天必须对蜂群进行包装。可用蜂路卡（用手指宽、3 厘米长的小方木条，在其一端钉上一枚小铁钉成“T”字形即成）把蜂路塞紧，每条蜂路的两端各放一个蜂路卡；用铁钉把巢框和保温板的框耳钉死在蜂箱上，箱盖和箱体也用铁钉钉死（钉子要留钉头在板外，以方便开箱）。也可在巢框两端用海绵条上压小木条的方式紧固。

当晚上蜜蜂全部回巢后，把巢门关上钉死，并打开蜂箱两侧的纱窗。蜂箱包装好后就可以装车运输，千万不能用装载过农药的汽车运蜂。装车时，巢脾的方向要保持与汽车平行。气温高时应在晚上运蜂，运输过程要注意蜂群的情况，如果蜂箱闷热，蜜蜂躁动，则应立即喷洒冷水降温。在气温高的季节，运蜂过程中尽量不要停车，以保持蜂箱通风。

蜂群到达目的地后，应立即把蜂箱卸车并摆开，摆好蜂箱后要分批打开巢门。如果新场地的蜜源条件好，打开巢门后蜜蜂会马上进行简单的试飞，片刻后，蜜蜂就开始进行采集活动，这时可见蜜蜂采粉回巢。当蜂群的情绪稳定后，就可开箱卸去蜂路卡和铁钉等包装物，并检查蜂群，如发现烂脾、压死蜂王等情况应立即处理。如果新场地的蜜源条件不好，应到黄昏时再开箱检查。检查后应立即用支架把蜂箱架起，以免蜂群受敌害侵袭。

蜂箱摆好后不要随意移动，如需移动，则应逐日短距离移动。

十、中蜂不同时期的管理技术

在蜜蜂饲养管理上，不同时期有不同的管理方法，做好蜜蜂各个时期的管理是蜂群正常生活、繁殖发展、夺取高产和稳产的保证。

季节、气候的变化除会直接影响蜜蜂的繁殖、生长、发育、生活和生存外，同时会影响蜜粉源植物的生长、开花和泌蜜，也会影响蜜蜂病敌害的消长。因此，蜜蜂不同时期的管理，应根据一年四季气候的变化、蜜粉源条件、病敌害发生情况和饲养目的（收蜜或授粉）等，采取相应的措施。在饲养环境不利的季节，要求保存蜂群的实力；在饲养环境有利的季节，力求快速繁殖，使青壮年工蜂出现的高峰期与大流蜜期相吻合，以达到高产、稳产的目的。

广东省由于地处热带、亚热带地区，一年中温度的变化会对中蜂的生存、生活产生一定的影响，但不严重。而一年中蜜粉源植物开花的变化，对蜜蜂的影响较大。因各地气候条件、蜜源植物种类等略有差异，现将中蜂在不同时期的特点及其相应的管理技术介绍如下，养蜂者可视本地具体情况，予以参考选用。

（一）繁殖期的管理

蜜蜂繁殖期的特点是：外界有蜜粉源植物开花，蜂王从停止产卵的状态进入繁殖期。这个时期可以划分为恢复阶段、发展阶段和分蜂阶段。此时期的主要任务是采取有效措施恢复蜂群，促进蜂王产卵，使蜂王在大流蜜期到来之前一个半月，进入产卵高峰，以便培育出大批青壮年工蜂，在大流蜜期到来时用于生产采集。现将此时期各阶段的管理要点分述如下。

1. 恢复阶段

这时候外界有零星的辅助蜜源植物开花，蜜蜂采集较活跃，箱外观察可见有些蜜蜂携带花粉回巢；开箱检查可见蜂王在巢脾产下小面积的卵，工蜂出现咬旧脾、造新脾的现象。这个阶段要着重做好如下几项工作。

（1）全面开箱检查 在天气良好的条件下，进行全面开箱检查，详细了解每群蜂的情况，包括脾数、蜂量、巢脾的新旧程度和完整情况、饲料的贮存量和病敌害发生的情况等，并做好记录。针对每群蜂出现的各种情况，应采取相应的管理措施进行处理。

（2）抽脾缩巢，保持蜂脾相称 蜂工经一段时间停止产卵后，蜂群中会出现脾多于蜂的现象，可结合开箱检查，把蜂群里多余的巢脾抽出，使蜂群达到蜂脾相称。中蜂有喜新脾厌旧脾的习性，因此抽脾时应把旧巢脾、烂巢脾抽出，保留新的和完整的巢脾；要注意抽蜜脾留粉脾。抽出来的脾要及时进行化蜡处理。此外，还应结合抽脾，全面清洁蜂箱。可准备一个干净的周转蜂箱，把要清洁的蜂箱中的蜜蜂连脾带蜂转到周转蜂箱中，再进行清洁。

（3）合并弱群或双群同箱饲养　由于弱群很难维持稳定的蜂巢温度，不利于繁殖，因此应把弱群合并后饲养。双群同箱饲养，是蜜蜂快速繁殖的特殊管理技术之一，其做法是在同一个蜂箱里饲养两群蜜蜂，中间用隔板隔开，巢门开在相反的方向。这个方法对群势较弱的蜂群和温度较低时期（如冬春季节）蜂群的繁殖很适用。用这个方法，蜂箱温湿度较稳定，蜂群繁殖加快，到了大流蜜期，可把其中一只蜂王带少量的蜂连脾提出作为繁殖群，留下的另一只蜂王和其余的工蜂合并成为强大的生产群。

（4）适当进行奖励饲喂　为了刺激蜂王产卵和提高工蜂出勤的积极性，要进行适当奖励饲喂。除了喂糖浆外，还可以给蜂群喂多种维生素片或核黄素片。把这些药片研成粉末，混在糖浆里喂蜂，每脾蜂的用药量相当于人用药量的 1/20，连续喂三晚。如果外界粉源不足，可对蜂群适当补喂花粉或酵母片，这样可促进蜂群的繁殖。饲喂蜜蜂时，一定要注意糖浆的量，以当晚蜜蜂能取食完为原则，同时注意不要将糖浆滴洒在地上，以防止发生盗蜂。

（5）加强病虫害防治，预防农药中毒 对病害，可结合奖励饲喂在糖浆中加入药物进行防治（注意不要使用国家禁止使用的药物）。虫害主要是大蜡螟（俗称巢虫），可结合抽脾、清洁蜂箱等措施进行处理。可在天气良好时，把蜂王未在其中产卵的巢脾抽出，并在水泥地上曝晒，逼使大蜡螟从巢脾中逃出，然后再把巢脾放回蜂箱里。敌害主要是胡蜂和蟾蜍，胡蜂可在白天加强巡视，进行打杀和诱杀；对于蟾蜍，将蜂箱适当架高即可。同时要注意了解蜂场附近农作物施用农药的情况，做好蜜蜂农药中毒的防范措施。

（6）做好降温和保温工作 在高温季节，要注意蜂箱的遮阴降温工作；在低温季节，要注意做好蜂群的保温措施。

2. 发展阶段

这时候外界有较多的蜜源植物开花流蜜，蜂群已发展到一定群势，蜜蜂采集极为活跃，进出蜂箱频繁，开箱检查时可见蜜蜂密集，有大量的幼年或青壮年工蜂，巢脾上贮蜜较多，粉圈也较大，蜂王产卵数量多，子圈整齐，说明蜂群已进入发展阶段，这时要做好下面几项工作。

（1）及时加脾扩巢 当蜂群有一定加脾条件时，要及时加进巢础给蜜蜂造新脾，保证提供给蜂王足够的空巢房进行产卵，加巢础时要适当进行奖励饲喂。在加巢础的同时，逐渐地把旧巢脾淘汰。

(2) 抽强补弱 对中蜂来说，只有较强的群势才有高的生产力。为了使每群蜜蜂在大流蜜期到来时都能成为强大的生产群，可充分利用强群的哺育能力，从强群中抽出部分封盖的老熟子脾加到弱群里，封盖子羽化后，马上就能成为弱群里的劳动力。这样，既加强了弱群的群势，又可以控制强群产生分蜂热。

(3) 人工育王 中蜂的新蜂王产卵力较强，一般每群蜂每年要换王1～2次。需要换王的蜂群，应在大流蜜期前2个月进行人工育王，新王育出后把老王换掉。为保证换王的同时不影响蜂群的繁殖，可以建立交尾群（每群只有很少的巢脾和工蜂，专供处女王交尾用），等到处女王交尾成功后，再把它介绍到其他蜂群里，取代老蜂王。

(4) 及早做好病敌害防治工作 一般从大流蜜期到来之前30天开始，严禁在蜂群中使用任何药物。因此，在这一时期应加强对蜂群病敌害的防治，可把药物混在糖浆中，结合奖励饲喂给药；也可把药物混在粉碎的花粉中饲喂。如果蜂群贮蜜充足，蜜蜂不取食糖浆时，可用向子脾喷雾的方法给药。用药后30天内不能取蜜，以防止药物污染蜂蜜。

3. 分蜂阶段

这时外界蜜源植物处于大流蜜期或接近大流蜜

期，蜂群繁殖达到了高峰，蜂群里有大量的青壮年工蜂。在这个时期，蜂群中出现王台，王台封盖后，蜂王产卵量急剧下降，以至停止产卵，同时工蜂怠工、不出勤，导致蜂群进入分蜂阶段。这种情况如果发生在主要蜜源植物的流蜜盛期，将会严重影响蜂蜜的产量。

对于中蜂，如果坚持用反复破坏王台的方法来压制分蜂，会导致工蜂长时间消极怠工，这样除影响蜂王的产卵，造成群势削弱外，还会造成蜂蜜产量严重下降。因此，对于这个时期的管理，应视不同情况，采取不同的处理方法。

（1）如果分蜂热出现在大流蜜期前1个月，群势又较强大，可用单群平分法（即把一群蜜蜂平均分为两群）进行人工分蜂。

（2）如果分蜂热出现在大流蜜期，可以提早收取蜂蜜或把蜂群分为生产群（脾较多）和繁殖群（脾较少）。

（3）加强蜂场巡视，发现蜂群分蜂时及时收捕，收回来的蜂群如果群势达不到生产群要求的，可从有产生分蜂热迹象的蜂群中抽出封盖子补强，使其在大流蜜期能成为强大的生产群。

其他处理方法参照第九章中“（八）分蜂热的解除”。

（二）大流蜜期的管理

外界蜜源植物处于大流蜜期时，往往是蜂群的发展和分蜂同时产生的时期，这时在管理上要处理好繁殖和生产的关系。对于中蜂，不宜采用较长时间关王断子的方法来组织生产群，否则会影响蜜蜂采集的积极性，又会造成流蜜后期和流蜜期过后群势严重下降。在这个时期，要做好如下几方面工作。

(1) 及时处理分蜂热 应及时控制和解除分蜂热，使蜂王产卵和工蜂采集都处于积极状态。

(2) 组织生产群 强大的生产群，是高产的保证。一般在大流蜜期到来前20天开始组织生产群。可通过抽调老熟的封盖子脾和对弱群进行合并等方法进行处理。要注意的是，中蜂群势如果太强，很容易产生分蜂热，因此组织生产群的群势一定要合适。为了达到形成强群、不产生分蜂热、利于繁殖的目的，可采用强群生产和弱群繁殖的方法，从繁殖群里抽出封盖子补充到生产群中，使蜜蜂有强大的群势用于生产采集。如生产群因群势太强而有产生分蜂热的可能时，也可抽出部分蜜蜂和子脾加到繁殖群里，把繁殖群改成生产群。还可以把群势太强的生产群用人工分蜂的方法，分成两个生产群或一个生产群和一个繁殖群。

(3) 解决育虫与贮蜜的矛盾 中蜂贮蜜和育虫都在同一张巢脾上进行，在流蜜期会造成育子区面积大时贮蜜区面积小的矛盾。为解决好这个矛盾，可采取处女王采蜜的方法，也就是把采蜜群的蜂王提出，换入处女王或成熟的王台，造成一段停卵期，以便集中采蜜，这个方法可结合换王一起进行。但要注意的是，中蜂以哺育幼虫时的采集积极性最高，因此可从其他群抽调一张有低龄幼虫的卵虫脾加到处女王群中，这样既保持了工蜂采集的积极性，又可以防止卵虫面积过大。

（4）流蜜后期保持充足的饲料　在收取蜂蜜时，有时会出现蜜蜂情绪暴躁，围绕摇蜜机转圈，甚至不顾一切地冲到摇蜜机内的蜂蜜里的现象。当蜜蜂出现这种现象时，预示着外界蜜源植物开花即将结束，因此在取蜜时每群蜜蜂都应保留一些巢脾，给蜂群留足饲料。这时还应注意缩小巢门，防止盗蜂；抽出多余的巢脾，做到蜂脾相称；收完蜜后对全场蜂群进行全面检查，对失王群或蜂王伤残的蜂群，要及时采取补救措施，合并或介绍新蜂王或王台。同时要注意做好病敌害的防治工作。

（三）缺蜜期的管理

缺蜜期在不同地区的发生情况不同，发生时间也不一样。主要是由于阴雨天气、酷暑季节、外界无蜜粉源植物开花等原因，造成工蜂无法出勤或无蜜粉源可采集，蜂王产卵量急剧下降或停产，蜂群群势严重削弱。此外，在缺蜜期平时以取食植物蜜粉为生的胡蜂也会危害蜜蜂，因此缺蜜期要做好下面几项工作。

（1）流蜜末期要留足饲料　如果取蜜后天气突

然变坏，且巢脾上的贮糖已被蜜蜂取尽，则应迅速用浓糖浆进行补救饲喂。

(2) 适当调整群势 如果外界尚有少量蜜粉源，可以适当调整群势，取出蜂群内的旧巢脾和多余的巢脾，使群势相对密集，利于保持小规模的繁殖。

(3) 做好避暑措施 气温太高时要做好蜂箱的遮阴工作，否则工蜂会因调节巢温而猛烈扇风，造成饲料消耗加大；温度太高时还会造成巢脾受热熔化而下坠、蜂王产的卵不能孵化以及幼蜂翅膀畸形等现象，严重时会引起蜜蜂飞逃。除了遮阴外，还可在蜂箱及其周围洒水降温或为蜂群喂水，都可以起到一定的降温作用。

(4) 减少开箱，避免对蜂群的干扰 缺蜜期开箱会破坏蜂巢内稳定的温度，导致蜜蜂为调节温度而消耗饲料。此外，开箱时也会造成蜂群骚动，从而大量取食贮蜜，也会加大饲料的消耗，同时开箱还易引起盗蜂和胡蜂的危害。因此，应尽量减少开箱，需要检查蜂群时，应以箱外观察为主。对个别不正常的蜂群需开箱检查时，应在天气晴朗、气温适宜的时候进行，如冬春季节低温时，应在中午进行开箱检查；在炎热季节，应在早晚进行开箱检查。

(5) 防止盗蜂和胡蜂的危害 此时期极易发生盗蜂和胡蜂的危害，应做好预防措施，可把巢门缩小到只能容 1～2 只蜜蜂进出，同时修补好蜂箱的缝隙。

(6) 防止发生病敌害和农药中毒 缺蜜期如发生在阴雨连绵的季节，应注意防病；如发生在高温季节则应注意防巢虫。当野外缺少野生蜜粉源植物开花时，蜜蜂会到一些开花的农作物上采集，因此应注意防止其发生农药中毒。

(7) 补救饲喂要慎重 缺蜜期对蜂群的饲喂要十分慎重，虽然此时期有可能发生蜂王停卵，但这种停卵只是短暂的，对蜂群的发展影响不大，而且对病害严重的蜂群还可起到切断病源的作用。这时喂蜂反而会引起工蜂兴奋而外出活动，导致饲料消耗增加，工蜂寿命缩短，群势削弱，还容易引起盗蜂的危害。因此，断蜜期饲喂要谨慎，只有缺蜜极为严重、蜂群有可能饿死或逃跑时，才进行补救饲喂。

(四) 越夏期的管理

蜜源缺乏和胡蜂危害是南方山区中蜂越夏困难的主要原因。为了使蜂群顺利越夏，保存实力，为秋季繁殖、冬季流蜜期生产打好基础，在越夏期蜂群应做好以下准备。

(1) 蜂群有当年的新蜂王，因为新蜂王的产卵能力强，一旦外界有零星蜜粉源植物开花，蜂王可快速恢复产卵能力，使蜜蜂群势迅速上升。

(2) 有一定的群势，这样可以使蜂群对外界不良环境有较强的抵抗能力，且能保持一定程度的繁殖力，因此越夏期蜂群的群势要在3框以上。

（3）蜂巢内贮蜜充足，蜜蜂安静，1 框蜜蜂每日耗蜜约 20 克，按越夏期 2 个月计算，1 框蜜蜂每月耗蜜 1.2 千克，所以蜂群要根据群势留足贮蜜，一旦蜂群缺蜜，应立即补充饲喂；在有条件的地区，可将蜂群转地至有丰富山花资源（如山乌桕）的地方，越夏前采集山花蜜，摇取部分巢蜜，大部留给蜂群当作饲料。

（4）蜂群有春季造的新脾，这样既满足了蜂王喜好在新脾上产卵的特性，也可以增强蜂群对巢虫的抵抗力。

（5）抽掉旧脾、劣脾，保持蜂多于脾，或蜂脾相称，这样既有利于预防巢虫，也有利于蜜蜂扇风降温。

在做好上述工作的同时，越夏期蜂群管理还要注意遮阴，将蜂群安置在通风凉爽的地方，避免蜂箱受到烈日曝晒，减少蜜蜂的扇风工作，节约饲料，同时也可以防止巢脾在高温下受热变软，发生坠裂。胡蜂和巢虫是南方中蜂在越夏期最主要的敌害，应定期清理蜂箱底部，在山区还应注意防范青蛙、蟾蜍和蚂蚁。越夏蜂群为降低巢温，提高巢内湿度，常采水散热，因此在缺水的地区应在蜂场设置人工饮水器，同时可在蜂箱周围洒水以降温增湿。

越夏期要给蜂群创造一个安静的环境，不要经常开箱检查，应多做箱外观察，每 7～10 天进行一次快速检查即可。南方通常 8 月下旬以后，野外陆续有零星蜜粉源植物开花，蜂群进入恢复阶段。到

9月底，蜂群内老蜂基本被新蜂取代，蜂群生机勃勃，进入发展阶段，这时可根据下个花期开始培育适龄的采集蜂。

（五）秋末冬初流蜜期的管理

我国地域辽阔，南北地区冬季的气温差距极大，此时期中蜂在不同地区的生活状态不同，因此管理方法存在差异。北方秋季以繁殖越冬蜂为主；而南方山区常在秋末冬初有很好的流蜜期蜜源植物，如鹅掌柴、柃属植物等。但秋季又是培养越冬蜂的时期，所以要做到生产与繁殖两不误。

华南地区、两广（广西、广东）、福建、云南等地区的南部，冬季气温常保持在10℃，蜂群基本没有明显的越冬期，此时外界有鹅掌柴和柃属植物（于11月至翌年1月开花泌蜜），这两种蜜源植物均对中蜂有极大的吸引力，蜂群采集活跃。此时期的管理一般参照大流蜜期，但生产期间气温较低，群势也相对弱，所以要兼顾繁殖。蜂群应排列在背风向阳的地方，进行适当的保温（在隔板外填充干稻草、旧棉絮等，副盖上加草垫或棉垫），采蜜群势一般达到4～5框即可，保持蜂略多于脾，同时取蜜应选择在晴暖天气的10:00—14:00进行；每次取蜜的间歇时间宜稍长些，采取抽脾取蜜的方法，以兼顾繁殖，并保证蜂蜜的产品质量及群内的饲料量。

（六）越冬期的管理

1. 长江流域地区

该地区冬季气温较低，一般在0～10℃，蜂王基本停卵，因此在秋初要抓紧有利时机繁殖越冬蜂。管理上应注意留足越冬饲料，对蜂箱进行适当内包装保温，尽可能保持蜂群安静结团越冬。

2. 黄河以北地区

该地区冬季气温初期在0℃以下，蜂群处于结团越冬状态。管理的关键是创造条件，让蜂巢温度处于−4～2℃，使巢内蜂群保持安静。东北等严寒之地，可以建越冬室或越冬地窖来安置蜂群。越冬室要求黑暗、通风良好，室内温度在0℃为宜。越冬蜂群内饲料一定要优质、充足。

越冬期间蜂群管理主要是通过箱外观察进行，非特殊原因不开箱检查。

以上措施，各地可视不同情况灵活应用。

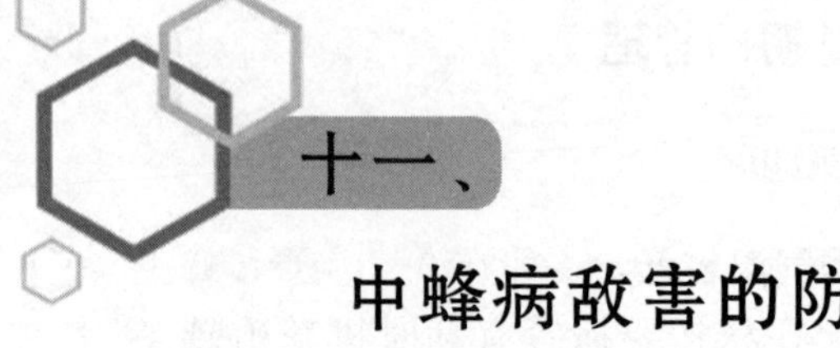

十一、中蜂病敌害的防治

蜜蜂病敌害是制约养蜂业发展的瓶颈之一。病敌害的发生，会严重影响养蜂生产，轻则使蜜蜂群势削弱、生产力下降，重则导致蜂群死亡或飞逃，甚至引起全场蜜蜂毁灭。

随着社会的进步和人们生活水平的提高，食品的安全性问题越来越受到国家的重视和消费者的高度关注。蜂产品作为一种天然的保健食品，其安全性受到社会各界的重视并成为关注的热点。我国蜂产品的安全性问题，主要是在蜂病防治中造成的抗生素残留。

为了确保食品的安全性，我国对动物源食品中的抗生素残留实施了严格的监管，除了有《中华人民共和国食品安全法》外，还有一系列的法律法规。《中华人民共和国畜牧法》中第四十八条规定“养蜂生产者在生产过程中，不得使用危害蜂产品质量安全的药品和容器，确保蜂产品质量”。中华人民共和国国务院令第 404 号《兽药管理条例》、中华人民共和国农业部公告（第 193 号和第 235 号），以及《蜂用兽药治理工作方案》（农办医

〔2009〕19号）中明确规定，除消毒外，抗生素等化学药物被禁止用于蜜蜂病害的防治。这些法律法规从根本上规范了蜂产品的生产，使蜂产品的安全性得到保证。

由此可见，国家对蜂产品的安全问题十分重视。因此，每个养蜂者要改变蜜蜂发病时用抗生素治疗的错误方法，了解蜜蜂病敌害发生原因，掌握防控蜜蜂病敌害的正确方法。

（一）蜜蜂病敌害发生原因

蜜蜂发生病敌害的原因包括生物因素，如病毒、细菌等微生物，昆虫等动物，以及蜜蜂本身的遗传病；非生物因素，如环境因素、不良的管理方法、不适合蜜蜂需求的食物以及毒物等。

影响蜜蜂病敌害发生和流行的因素包括病原体的感染力、蜂群的抗病力和环境条件（包括温湿度、管理水平、环境卫生等）。这些影响因素既互相影响又互相制约，养蜂者可根据蜜蜂的生物学特性和中蜂在不同时期的管理要求，创造既适合蜂群发展又不利于病原繁殖的环境条件，提高蜂群的抗病力，减少病害的发生，这样才能夺取高产。

（二）蜜蜂病敌害防治原理

蜜蜂病敌害防治是一项极具科学性的工作，必须有正确有效并切实可行的防治方法，随时总结生产实践中的防治经验，不断地研究、创新防治方法，并及时加以推广，这样才能更有效地提高防治效果。

（1）防治病敌害的根据 在采取具体防治措施之前，应明确病敌害的发生原因、病原的生活规律、发病过程以及各种有关的环境因素对蜜蜂个体与群体发病的影响，这就需要详细了解蜜蜂的抗病性和病敌害的流行情况。

应了解病原的特性，包括病原的传播方式、感染途径、越冬情况等，这样就可以针对病原传播的薄弱环节，采取相应的防治措施，抑制病敌害的延续、发展。若已经确定病原，可总结以往的防治经验，参考同类病原的防治方法，因为同类病原往往有相似的特性，其所引起的病害也有相似的规律。例如，蜜蜂的细菌性病害通常在发病机制、流行规律方面基本相似，因此可以统一制定管理措施，减轻细菌性病害的发生；同时可以选择国家允许使用的抗生素种类，在合适的季节，使用合理的药量，通过恰当的给药途径来控制细菌性病害。

应进行病敌害的流行病学研究，这对防治传播性强、感染次数多、易于暴发流行的病敌害有特殊的意义。如果不能预测病敌害的发生发展，就不能有计划、有效地对蜜蜂病敌害进行有针对性的控制，控制其传播流行。

应了解蜜蜂的抗病性与环境条件之间的关系，这有利于培育抗病力强的蜜蜂品种，防止或减少病敌害造成的损失，同时能使养蜂者能通过更好地控制环境条件来抑制病害的发生。

(2) 制定防治病敌害方案的依据 在制定防治方案时，务必从以下方面进行考虑。

① 评估病敌害的严重性：如果在同一时间里发生了不止一种病敌害，在无法同时治疗时，就必须考虑哪一种为主要病敌害，优先针对造成损失最大的病敌害进行防治。损失大小从蜂群的损失程度及病敌害的流行程度两方面来衡量。需要注意的是，不是蜂群一发生病敌害，就立即进行防治，如果发病很轻，环境条件也不利于病敌害的流行，则不必进行治疗，特别是进行药物治疗，否则得不偿失，既会增加生产成本，又易造成蜂产品被抗菌药物污染。

② 针对不同病原选择防治方法：不同病原的基本防治方法也不同。蜜蜂的非传播性病敌害是由不适宜的环境条件或采集有毒物质引起的，所以防治方法主要是改善环境条件，避免或减轻危害。

传染性病害因病原和发病规律不同，必须采取不同的防治方案，才能获得较好的防治效果。例如，对于通过食物（如花蜜、水、饲料等）传播的多种细菌，宜采取排除蜂场积水、病健群分开管理的措施，再结合药物治疗。总之，蜜蜂病敌害的防治，要根据各类病敌害的病原特性、发生规律，同时考虑蜜蜂生活的特点和饲养条件，通过分析病情，寻求清除病原的有效方法。以经济、安全、有效为出发点，确定不同的防治方案，提出有效的综合防治措施。

同时，养蜂者不能仅顾本蜂场利益，还应考虑整个地区蜂业的发展，如对于刚发生并很快蔓延的新病敌害，要不惜代价扑灭，为蜂业的健康发展做出贡献。

（三）蜜蜂病敌害防治措施

预防就是在病敌害发生以前采取措施以防止其发生；治疗则是在病敌害发生后采取措施将其消灭或控制病情。防治的原则应以预防为主。这是因为：

（1）在蜜蜂发病之后再去治疗，已经产生了一定的损失。

（2）蜜蜂病敌害一旦发生，发展很快，治疗往往不能及时抑制病情发展。

（3）一些病敌害的治疗往往需要较长时间，且治疗效果不彻底。

（4）一些病敌害目前尚无十分有效的治疗方法。

（5）一些病敌害的治疗在蜂群内常难以进行。

防治病敌害的措施有很多，现归纳如下。

1. 检疫

最重要的防治措施是检疫，杜绝外来病原进入养蜂区域。蜜蜂病敌害的检疫，是国家执行的一种防止蜜蜂严重病敌害蔓延的强制性手段。国家根据国内外现有蜜蜂病敌害的种类、分布情况、发生情况、严重程度等信息，执行对外检疫（防止危险性病敌害入境或出境）和对内检疫（防止地方性病敌害在全国蔓延）。

检疫应由各省相关动植物检验检疫机构根据本省情况确定检疫对象，在各省交界的交通要道建立检疫设施，依法进行检疫。对内检疫一般不需要事前申请，在运输过程中随到随检，检疫合格后放行，检疫不合格则依法处理。

2. 隔离

隔离就是采取各种措施，防止病原与蜜蜂接触。病原已侵入蜂场并在个别蜂群发生感染之后，应将发病蜂群迁出蜜蜂活动区，进行隔离治疗；新引进的蜂种，应在隔离地点饲养一个繁殖周期（一般以一年为宜）后，再进行扩群，以防止新病原的引入。

3. 加强饲养管理

通过加强管理（通风、降湿、保温、遮阴、消毒等）、改善环境条件，使环境不适宜病原的产生，而对蜂群有利，逐渐减少病原数量，降低病敌害的发生率。

科学的饲养管理技术可以保证蜜蜂发育良好，提高蜜蜂的抗病能力，进而减少或避免蜂产品在产量和品质上的损失。

（1）维持温度稳定 蜜蜂属变温动物，11 ℃

是中蜂个体的安全临界温度，低于这个温度，蜜蜂的生命活动将随着温度的降低而受到严重影响，甚至呈现冻僵状态。而蜜蜂长期处于温度大于 40 ℃的环境中，新陈代谢将失衡，也会引起死亡。

蜜蜂育子区的温度需要稳定在 34.5 ℃，高于或低于这个温度，蜜蜂幼虫的发育和体质就会受到影响，易发生疾病。工蜂为了调节巢温，会消耗大量饲料，也会降低其体质，缩短寿命。因此，在中蜂饲养管理上，保持温度稳定是十分重要的。

为了使蜂群有一个稳定的温度条件，放蜂场地应选择在高温季节通风、阴凉、干燥，而在低温季节避风、向阳的地方。蜂箱保温性要好，高温季节要适当遮阴，低温季节要适当对蜂群加保温物，同时减少开箱检查蜂群的次数，避免蜂巢温度受到影响。

（2）保持饲料充足 要保证蜂群有充足的蜂蜜作为饲料，收蜜时要注意给蜂群留下“口粮”，使蜂群有充足的营养，以提高蜜蜂的抗病力，从而降低蜜蜂的发病率。此外，当蜂群中的花粉不充足时，要适当补充饲喂花粉。

（3）勤换蜂王 优质蜂王是饲养强群、获得高产的重要因素之一。一般情况下，新蜂王的新陈代谢旺盛，生活力强，通常在病群内携带病原菌的数量也比老蜂王少，因而抗病力也强。例如，在防治中蜂囊状幼虫病时，仅采取更换蜂王的措施，也能保证 1～2 代蜜蜂不发病或仅有少数蜜蜂幼虫发病。因此，更换蜂王已成为防治中蜂囊状幼虫病的重要手段之一。同时，换蜂王也是加强蜂群繁殖力，争取当年高产的需要，对中蜂来说，如果条件适合，每年应换王1～2次。

(4) 勤换巢脾 巢脾是蜜蜂生活和繁殖的场所，也是很多病原的藏身之地，旧巢脾更是大蜡螟（俗称巢虫）必不可少的食料。勤换巢脾是清除和减少病原的措施，因此在条件许可的情况下，每年要换巢脾1～2次。从蜂群中抽出的巢脾要立即化蜡，蜡渣一定要马上做深埋处理，禁止乱丢。

(5) 消灭病原 病原是造成蜜蜂疾病发生和流行的首要条件，控制病原的传播和蔓延是防治蜂病的关键。在饲养管理上，要保持蜂场的清洁卫生，对发病的蜂群要彻底消毒，对病群的巢脾和蜂蜡等应立即深埋或烧毁。此外，在操作上应注意减少人为因素导致的疾病传播，如在检查蜂群时应先检查健康群再检查病群，不要把病群的巢脾和其他蜂具提供给健康群等，同时应注意防止发生盗蜂。

4. 选育抗病品种

应培育或饲养抗病蜜蜂品种。不同蜂群对病敌害的抵抗力有所差异，在病敌害发生和流行时，有的蜂群发病，有的蜂群则不发病，且有的蜂群发病轻，而有的蜂群发病重，这说明不同蜜蜂群体的抗病力存在差异。在饲养过程中，要有目的、有计划地选育抗病力强的蜂群作为种群，这对防治病敌害是最经济和有效的措施。

蜜蜂品种间存在抗病力的差别，而且蜜蜂的抗病力也在不断发生变化。这就为养蜂者提供了选择、培育和利用抗病蜂种的可能性。

蜜蜂抗病力是蜜蜂在进化过程中长期与病原接触所产生的机体适应性。蜜蜂的这种生物学特性，可使其免受病原的侵害或减轻病原的危害程度。不同蜂群对不同病敌害的抗病力不同，这通常是蜜蜂的生理特性不同所致。

抗病力同时受到环境条件和遗传因素的支配。根据遗传学原理，蜜蜂抗病的生物学特性的形成是由于其受到外界环境条件的刺激后，逐渐适应的结果。因此，环境条件的改变会导致蜜蜂的抗病力发生改变，并且这种改变将遗传给后代。蜜蜂所处的环境条件除气候条件外，就是蜂群内的饲养管理条件，生产实践证明，一种病敌害往往首先在饲养管理最差的蜂场内发生，饲养管理好的蜂场则病敌害发生较轻或不发生病敌害，或推迟发生病敌害。一般来说，蜜蜂在最适宜表现其生物学特性的环境中，抗病力表现得最充分，即饲养管理条件最符合蜜蜂生活的要求，蜜蜂也就最健康。

选育抗病品种是一种十分经济的防病措施，可以广泛地应用。实践证明，在现有的蜜蜂品种中，存在抗病力强的优良品种或个体，可以进行有目的的选择与繁育，通过品种的连续选择，不断提高蜜蜂的抗病力水平。

但在选育抗病品种时必须注意，一个优秀的蜜蜂品种不仅要表现出较高的抗病力，而且要求具备蜂蜜产量高、质量好，温驯且勤劳，蜂王产卵力强、能维持强群等优良性状。抗病力只是这些优良性状中的一种而已，因此在选育工作中，不能单纯要求抗病力而忽视其他性状，也不能单纯要求产量与品质而忽视抗病力。但在生产实践中很难选育出各种优良性状都具备的蜜蜂品种，此时需要根据各个地区的病敌害发生情况，来选育适合本地区的抗病品种。

在蜜蜂的饲养过程中，最简单的抗病品种育种方法是，有意识地保留生产性能好的蜂种，将抗病力强的蜂种作为育种群，经过一段时间的定向育种，就有可能选育出所需的抗病品种。

5. 综合防治

在病敌害防治方面，必须根据各种病敌害发生的主要环节去制定防治措施，以获得满意的防治效果。必须采取综合防治措施才有可能有效地控制病敌害的发生。在制定防治措施时应综合考虑病原种类、蜂群状态、蜂王情况、季节、生产阶段、气候等因素，从多个方面考虑解决问题的有效方法。只有在其他方法的效果均不理想的情况下，才会考虑采用药物防治蜜蜂病敌害。

6. 药物防治

（1）药物防治的重要性 药物防治是指利用化学药物来消灭病原或抑制病原的感染力，是一种广泛应用的蜂病防治方法。从目前来看，药物防治仍是许多主要的蜜蜂病敌害的防治方法。例如蜜蜂几种重要的幼虫病害，即使是由病毒引起的中蜂囊状幼虫病，在20世纪70年代初该病害刚刚暴发流行的时候，中草药治疗也能取得较好的效果。因此，至今为止药物防治仍是蜜蜂病敌害防治措施中的一个主要组成部分，但需要注意的是，很多抗生素已不允许在蜂病防治中应用，以免在蜂产品中造成药物残留。而且得病的蜜蜂个体无法通过治疗挽回生命，只能保护未得病的个体，因此药物防治是不得已而为之的措施。

（2）药物防治的作用

① 保护作用：药物可在蜜蜂未感染病原之前，将病原杀死或抑制其活动，从而保护蜜蜂个体。病原可能滋生在蜜蜂生活的环境中，如饲养过病群的蜂箱内或接触过病群的蜂具、巢脾的表面，对这些器具施用消毒药物即可消灭病原。

② 治疗和杀菌：药剂的治疗、杀菌，实际上也是发挥了保护蜜蜂的作用。因为蜜蜂个体一旦被感染，并已表现出症状，即使在药物的作用下，已感染的蜜蜂个体是不会康复痊愈的。许多药物与病原接触时，部分病原被杀死，部分病原的活动受到抑制，但当药物消失或被冲洗以后，部分细菌又可以恢复活动能力；有的药物只是可以抑制病原菌的繁殖。

（3）药物防治的优缺点

① 优点：可在短期内见效；有的药物可兼治多种病敌害；通常防治方法容易掌握。

②缺点：因为蜜蜂的产品会成为食品，所以许

多药物不能直接用于防治蜂病；药物残留会严重影响蜂产品品质；对药物的残留量进行检测，较复杂费时；许多病毒病药物治疗效果不佳。

(4) 药物的主要用途

① 场地消毒：对放蜂场地的消毒十分重要，但却经常被忽视。在选择好放蜂场地后，应对周围环境进行清洁，可用5%的石灰水喷洒场地。

② 蜂具消毒：蜂箱、巢脾、巢框等易燃物，可用市售消毒剂按使用说明进行消毒。消毒后的蜂具在使用前应用清水充分冲洗，然后通风晾干，以清除异味。铁制蜂具（起刮刀、割蜜刀等）可用火焰灼烧表面的方法进行消毒。上述方法适用于各种被病原污染的蜂具。

③ 治疗：在必要的情况下，按规定使用化学药物治疗蜜蜂疾病。

(5) 药物治疗应注意的事项

① 使用绿色蜂药。很多中草药对蜜蜂病敌害有一定的防治作用，因此提倡使用中草药对蜂病进行防治。

② 严禁对生产群采用药物治疗。在蜜源植物开花期前一个月和开花期间，严禁对生产群用任何药物进行病敌害的防治，对于在此时期内必须使用药物进行病敌害防治的蜂群，不能作为生产群使用。可视不同药物实行不同的休药期，等休药期过后，把巢脾全部换掉，才能恢复作为生产群。

③ 严禁把抗生素当作“灵丹妙药”，应结合饲养管理等措施对蜂病进行防治。

④ 严禁盲目用药。

⑤ 严禁预防性用药。

⑥ 一定要严格执行国家有关规定允许使用的药物（包括抗生素和消毒剂等）和用量。

⑦ 改变用药方法。由于中蜂发生的病敌害主要为幼虫病，因此可把药物混于花粉中饲喂。

（四）中蜂病敌害及其防治措施

中蜂的病害可以分为传染性病害如中蜂囊状幼虫病、欧洲幼虫腐臭病，以及非传染性病害如农药中毒等。中蜂的敌害主要有大蜡螟（巢虫）、蜂箱小甲虫、斯氏绒茧蜂、胡蜂和蟾蜍等。由于中蜂的主要病敌害为中蜂囊状幼虫病、欧洲幼虫腐臭病和巢虫，所以简称“两病一虫”。

1. 中蜂囊状幼虫病

中蜂囊状幼虫病是一种由病毒引起的病害。西方蜜蜂对该病有较强的抵抗力，得病后病状很轻，且能够自愈，不会造成严重的损失。包括中蜂在内的东方蜜蜂，对该病的抵抗力很差，很容易暴发流行。1972 年，中蜂囊状幼虫病首先在广东暴发，广东省 40 多万群中蜂中有 30 多万群遭到毁灭，造成了巨大的损失。此后该病蔓延到其他省份，致使全国的中蜂群数急剧下降。当中蜂囊状幼虫病首次在广东暴发时，蜜蜂在短期内就发病并全群毁灭，很多养蜂者手足无措，欲哭无泪。经有关科研单位调查研究，确认该病是由病毒引起的中蜂囊状幼虫病，并提出了一套综合防治措施，才使病害得到控制。近年来，该病在广东省时有发生，存在暴发流行的可能。

（1）病原 为中蜂囊状幼虫病病毒。这种病毒在活体外失去毒性的条件为 59 ℃热水中 10 分钟，或 70 ℃蜂蜜中 10 分钟；在室温干燥状态下的病毒可存活 3 个月；在阳光照射下，干燥状态的病毒可存活 4～6 小时；夏季室温条件下，该病毒在蜂蜜里的存活时间为 1 个月。

该病毒的传染性很强，主要通过工蜂的采集活动以及饲料、蜂具和人为活动（检查蜂群）等进行传播。

（2）症状 该病多发于 5～6 日龄的幼虫，常于封盖前后死亡，封盖被工蜂打开后，可见死亡幼虫露出尖头，故也称“尖头病”。虫体呈黄灰色，尸体不腐烂，无黏性，无臭味。幼虫表皮下充满水状液体，外面由表皮包裹，用镊子夹出幼虫尸体时，形成一个囊状体（图 11-1）。

该病周年都可发生，以气温低于 26 ℃时发生较严重。在一年中，以 3—4 月和 9—11 月发生较严重。饲料不足的蜂群、弱群发病较严重。中蜂发生此病有急性型和慢性型两种，急性型发病来势凶猛，幼虫在短时间内大量死亡，成蜂情绪不安，不护脾，易蜇人，易逃跑，如不及时治疗，1 个月后整群蜜蜂全部死亡。慢性型病状不明显，开箱检查时往往可见几条到十几条病虫，气候好转时病状会

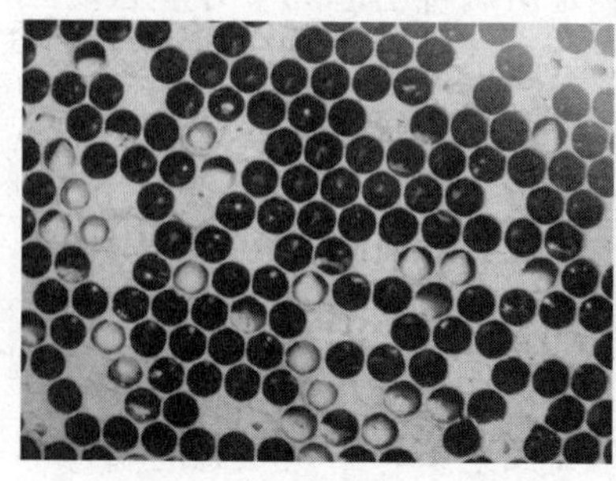

尖头大幼虫

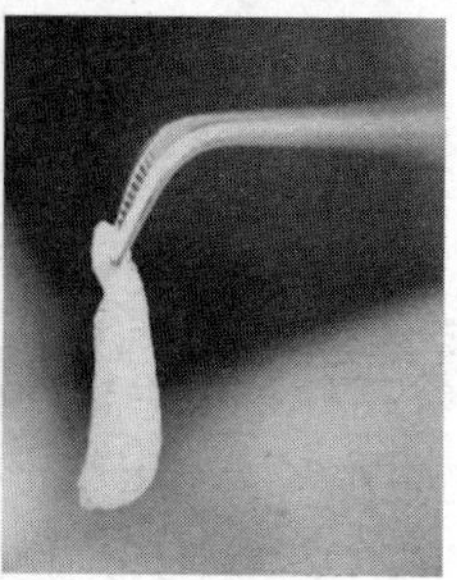

囊状体

图 11－1 中蜂囊状幼虫病症状（罗岳雄摄）

自然消失，气温下降时病情又复发，气候恶化和管理不善时，可以转变为急性型。该病往往跟欧洲幼虫腐臭病同时发生。

(3) 防治 目前对中蜂囊状幼虫病尚无特效的治疗药物，在防治上主要采用选育抗病品种、加强蜂群管理、断子清巢、药物治疗等综合防治措施。

① 选育抗病品种：在病害流行季节，可利用发病轻或不发病的蜂群作为种群用来培养蜂王，用以替换病群的蜂王。在选育过程中，应杀死病群的雄蜂，经过连续几代的筛选，就能大大提高蜂群对该病的抗病力。实践证明，选育抗病品种是中蜂囊状幼虫病最有效的预防方法。

② 断子清巢：蜂群发病时，一定要断子清巢。可通过幽禁蜂王或换王的方法，人为造成一段时间断子，让工蜂清扫巢脾，减少幼虫的重复感染，在断子时要对蜂箱和巢脾进行消毒。蜂箱和巢脾的消毒可用漂白粉、稳定性二氧化氯、次氯酸钠，或购

买消毒剂进行洗刷、浸泡。因这些消毒药剂多数有较强的刺激性气味，洗刷后要用清水充分冲洗。蜂箱洗刷完后可在阳光下晒6～8小时，才可再次使用。巢脾在冲洗后要隔1～2晚才能放回蜂群。对于发病严重的蜂群，蜜蜂已无能力清巢，应将巢脾烧毁，另调无病或消毒过的巢脾加入蜂群。

③ 加强蜂群管理：合并弱群，做到蜂多于脾；加强保温；保持蜂群有足够的饲料，必要时进行救助饲喂（注意救助饲喂要用白砂糖，不要用蜂蜜），同时应喂一些蛋白质饲料和维生素等。

④ 药物治疗：该病以中草药治疗效果较好，凡有清热解毒功效的中草药对该病都有一定疗效。一些抗病毒的药物对该病也有一定效果。中草药配方如下：

A. 半枝莲15克，虎杖10克，贯众15克，桂枝5克，甘草8克，蒲公英10克，野菊花15克，金银花20克。

B. 华千金藤（又叫海南金不换，图11-2）50克。

将上述任一配方加水充分煎煮后过滤，按1∶1加入白糖做成糖浆喂蜂，每剂药可喂30～40脾蜂。连续喂5晚，每群饲喂量以当日取食完为宜。

在该病刚发生较轻时，在使用以上药物的同时，金刚烷胺和酞丁胺等对该病也有一定的疗效。将这些药物混在糖浆中饲喂蜜蜂即可。如果单独使用，每个成年人的使用剂量可用于治疗20～30脾蜂，如和中草药一起使用，可减少1/3～1/2剂量。但使用西药治疗后，该病群不能用于生产蜂蜜。如

图 11-2　海南金不换（罗岳雄摄）

果蜂群同时发生欧洲幼虫腐臭病，则要同时用抗生素进行治疗。

2. 欧洲幼虫腐臭病

欧洲幼虫腐臭病（European foulbrood），简称“欧幼病”，是感染中蜂幼虫的一种细菌性病害，其传播迅速，危害大。该病由 Cheshire 和 Chevne 于 1885 年首次报道，目前广泛发生于世界几乎所有的养蜂国家。1944 年，日本将患有欧洲幼虫腐臭病的蜂蜜运到广州出售，广州和周边的养蜂者用这种带有欧洲幼虫腐臭病病菌的蜂蜜喂蜂，造成蜂群发病，并向各地传播。20 世纪 60 年代初，南方诸省相继暴发该病，随后向全国蔓延。

（1）病原　目前对欧洲幼虫腐臭病的致病菌已

有一致的认识，该病由多种细菌引起，但最主要是蜂房球菌。该菌的形态为披针形，直径 0.5～1 微米，革兰氏染色呈阳性，常结成链状或成簇排列。该菌对不良环境的抵抗力很强，在干燥虫尸里其毒力可保持 3 年；在室温下，菌体处于干燥状态时，可存活 1 年半；在巢脾或蜂蜜里可存活 1 年。

被病菌污染的饲料是该病的主要传染源。病菌传播主要依靠蜜蜂的采集活动和养蜂者不合理的操作。

该病全年都可发生，但以低温阴雨天或蜂箱内湿度大时发病较重，弱群和缺乏饲料的蜂群发病也较严重。

感染欧幼病的蜜蜂幼虫有许多次生菌，这些次生菌能加速蜜蜂幼虫的死亡。最常见的次生菌为龙瑞狄斯杆菌。另一种常见的次生菌是粪肠球菌，该菌是蜜蜂从野外带入蜂箱的，其寄生于病虫后，引起酸味。还有一种常见的次生菌是蜂房芽孢杆菌，该菌寄生于病虫后，产生难闻的臭味。

在死虫的干尸中，只有蜂房球菌及蜂房芽孢杆菌的芽孢能长期存活。

(2) 症状 欧幼病一般只感染 2 日龄内的幼虫，通常病虫在 4～5 日龄死亡、腐烂。死亡幼虫开始呈灰白色，不饱满，无光泽，以后呈黄灰色至黑褐色，变褐色后，幼虫气管系统清晰可见。随着幼虫变色，虫体塌陷、扭曲，最后在巢房底部腐烂、干枯，成为无黏性、易清除的鳞片。虫体腐烂时发出难闻的酸臭味。发病严重时，整张巢脾的幼虫死亡，成蜂离开巢脾附于箱壁，甚至飞逃。发病较轻时，仅有部分幼虫死亡，死亡幼虫很快被工蜂清除而形成空巢房，有时蜂王又在巢房里产卵，这时可见虫龄参差不齐的幼虫，封盖子很少，零散分布且不成片，有部分巢房为空房，形成了所谓“插花子脾”的现象（图 11-3）。

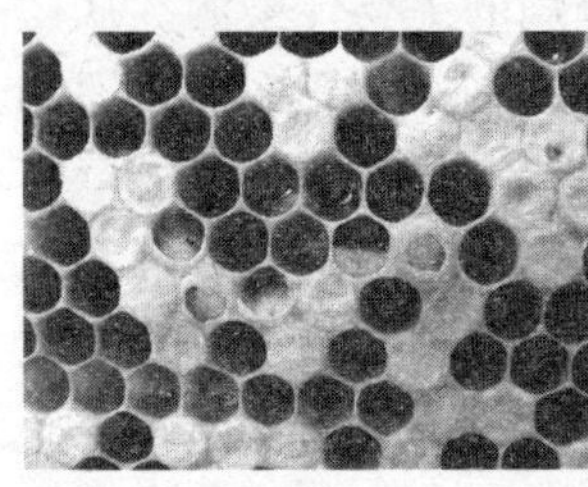
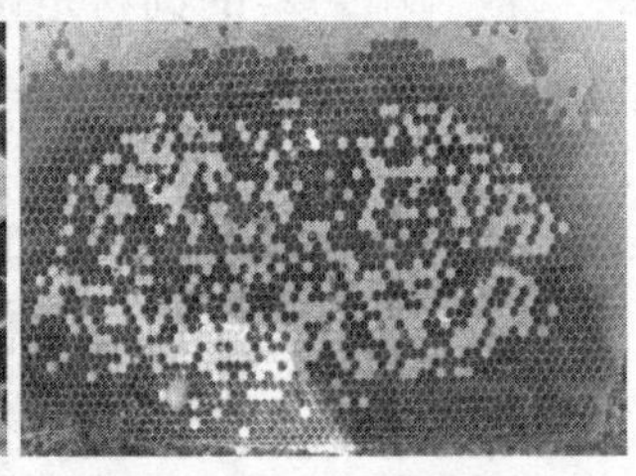

图 11-3　中蜂欧幼病症状：插花子脾（罗岳雄摄）

(3) 防治　该病与环境条件和蜂群状况密切相关，防治上应着重加强管理，发病时用药物治疗。

① 加强饲养管理。合并弱群，补充饲料。加强保温，保持放蜂场地和蜂箱干燥。

② 换王，造成一个短暂的断子时期，给内勤蜂足够的时间清除病虫和打扫巢房。

③ 病群内的重病脾取出后销毁或严格消毒后再使用。

④ 药物治疗。该病为细菌感染引起，用抗生素治疗可以得到较好的效果，但不提倡用抗生素治疗，可用有抗菌作用的中草药治疗，如蒲公英、金银花等中草药水煮后加白砂糖喂蜂。

在不得已的情况下才使用抗生素，常用青霉素

（每框2万单位）、土霉素（每10框0.125克）或四环素（每10框0.1克），配制成含药花粉饼或抗生素饴糖喂饲。含药花粉饼的配制：按上述药量将药物粉碎，拌入适量花粉（10框蜂取食2～3天的量）中，用饱和糖浆或蜂蜜揉至面粉团状，不黏手即可，置于巢框上框梁上，供工蜂搬运饲喂。如果蜜蜂不取食花粉，可将药物先用水溶解，然后混在40℃内的糖浆里拌匀后喂蜂。如果蜜蜂不取食糖浆，可以将药物混于稀糖水中，用喷雾器对巢脾喷雾，注意喷头不要直对巢脾，应斜喷，以免药物直接喷到幼虫身上，造成药害。

应用上述药物后，一定要严格执行休药期，待休药期过后，换掉原有巢脾，才能作为生产群。

（五）中蜂敌害防治措施

蜜蜂的敌害，是指一些骚扰蜂群、破坏巢脾或捕食蜜蜂的动物。中蜂的敌害主要有大蜡螟、蜂箱小甲虫、斯氏绒茧蜂、胡蜂和蟾蜍等。

1. 大蜡螟

大蜡螟俗称巢虫或蜡蛾，对中蜂的危害性很大。巢虫有两种，即大蜡螟和小蜡螟，危害中蜂的主要是大蜡螟（图11-4）；小蜡螟主要危害储藏的巢脾，对中蜂不构成危害。

（1）症状　大蜡螟的成虫把卵产在蜂箱的各种缝隙里，初孵幼虫通过巢框的框耳钻到巢脾里，在

幼虫

成虫

图 11－4　大蜡螟（罗岳雄摄）

巢脾中蛀食，形成一条条“隧道”，把巢脾毁坏，同时咬伤蜜蜂的幼虫和封盖的蛹，蜂蛹死亡后封盖被蜜蜂揭开，形成“白头蛹”，轻则影响蜜蜂繁殖，重则引起蜂群飞逃，给养蜂生产造成很大的损失。据在广东省的调查，由大蜡螟危害造成的经济损失占饲养蜜蜂收入的23％以上。

由大蜡螟幼虫危害所产生的症状比较明显，主要是巢脾上出现不连片的白头蛹，把巢脾对着阳光，可见由大蜡螟蛀食所形成的隧道（图 11－5）；有时还可见大蜡螟的幼虫在巢脾中活动；巢脾上有时还出现由于蜜蜂咬脾驱赶巢虫而形成的洞。

大蜡螟在广东省全年都可以发生，以蜂群度夏出伏后，蜜蜂育第一批子的幼虫受害最严重，一些缺乏饲料和群势较弱的蜂群受害也比较严重。

(2) 防治　以综合防治措施为主。

① 常年饲养强群：群势较强的蜂群，工蜂能及时发现大蜡螟的幼虫，并通过咬脾的方式，把大蜡螟的幼虫咬掉，因此应常年饲养强群。

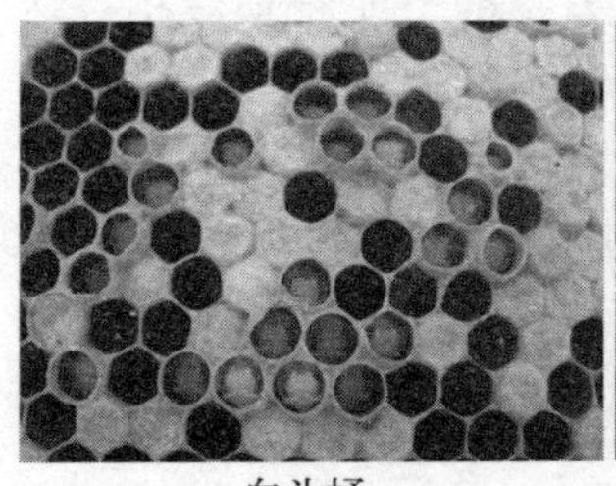
白头蛹

巢脾上的遂道

图 11-5　大蜡螟幼虫危害的症状（罗岳雄摄）

② 做好蜂箱的清洁卫生：定期清除蜂箱内的残渣和蜡屑，并及时焚烧或深埋；填补蜂箱缝隙。

③ 晒脾和换脾：对无糖、无蜜蜂幼虫的巢脾，可抽出后放在水泥地上曝晒，大蜡螟的幼虫会被晒死或从巢脾中逃跑，晒后将巢脾放回蜂群。大蜡螟幼虫只有取食蜜蜂的旧巢脾才能完成其生长发育，因此要更换旧巢脾，一般要求每年更换巢脾 1～2 次。换出来的旧巢脾要及时化蜡，以切断虫源。

④ 保持充足的饲料：大蜡螟幼虫沾上蜂蜜后，会因气孔被堵塞而窒息死亡。因此，保持蜂群有充足的饲料，可减轻大蜡螟的危害。

⑤ 安装阻隔器，阻止幼虫上脾：阻隔器是由上大下小两个不同口径的塑料小帽组成，上、下帽的中间由一根中空的小管连接，帽的里面涂有高效低毒的杀虫药膏。把蜂箱两头放巢框的木板降低 2 厘米，每头装两个阻隔器，用小螺丝从小管把阻隔器固定在蜂箱上，阻隔器上加一条比蜂箱宽度略短的小长木条，巢脾就放在小木条上。要注意的是，

阻隔器的上部、小木条和巢脾都不能碰到蜂箱，这样才能有效地阻断大蜡螟幼虫的上脾途径，以达到较好的防治效果。安装阻隔器后，每年应把阻隔器里的药膏换2～3次，且要经常检查蜂群，去掉与蜂箱壁接触的赘脾。

2. 蜂箱小甲虫

（1）形态特征 蜂箱小甲虫原分布于撒哈拉以南的非洲，属于鞘翅目（Coleoptera）、露尾甲科（Nitdiuldae），学名为 *Aethina tumida* Murray，1867。

蜂箱小甲虫的成虫长约5 mm，宽约3 mm，雌虫比雄虫稍长，呈深褐色至黑色（羽化后不久颜色稍变淡），卵长圆形，幼虫为蠕虫状、乳白色，背部体节有一对棘状突起（图11-6）。

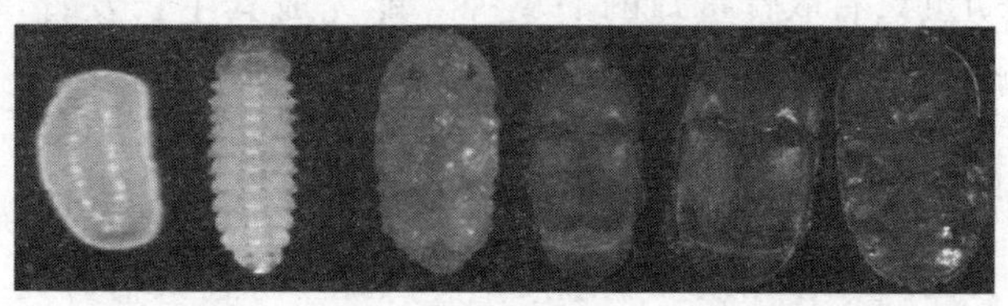

卵　幼虫　蛹　成虫　成虫背面　成虫腹面

图11-6　蜂箱小甲虫的形态（赵红霞提供）

（2）生物学特性 蜂箱小甲虫属于完全变态的昆虫，包括卵期、幼虫期、蛹期和成虫期。蜂箱小甲虫从卵发育为成虫的时间为38～81天，具体时间随周围环境温度、土壤湿度等因素的变化而变化（图11-7）。在合适的环境下，蜂箱小甲虫每年能繁殖5～6代。

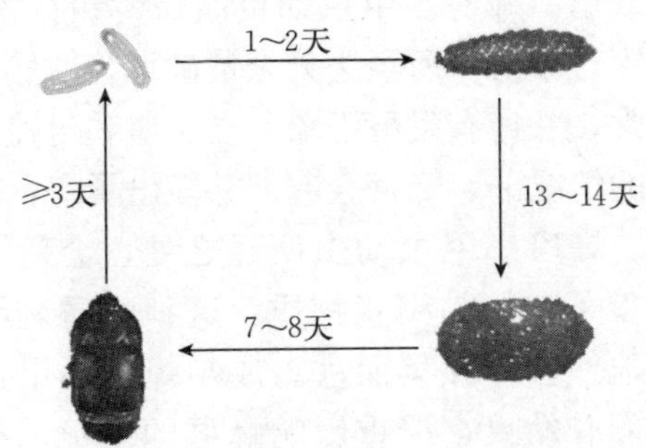

图 11-7　蜂箱小甲虫生活史（赵红霞提供）

蜂箱小甲虫幼虫以蜂蜜和花粉为食，开箱检查过程中，其成虫会因避光而藏匿，可观察到成虫躲避至蜂箱角落或巢脾上。

蜂箱小甲虫老熟幼虫会爬到蜂箱外，钻进蜂箱底的土里或石片下化蛹。

（3）流行特点　1998 年，美国发现蜂箱小甲虫危害蜂群，对当地养蜂业造成重大损失，受到养蜂业的广泛关注。随后，蜂箱小甲虫传播到加拿大、意大利、埃及、澳大利亚、菲律宾、韩国以及拉丁美洲的一些国家。2017 年 10 月，蜂箱小甲虫在我国广东沿海地区首次被发现，且发生严重危害，随后其在海南、广西等地也陆续被发现且产生严重危害。

蜂箱小甲虫在高温、潮湿的环境下发生流行。在南方地区，大雨或台风过后，蜂箱小甲虫会产生较大的危害，尤其是在沿海地区危害更为严重。

（4）症状　蜂箱小甲虫对蜂群造成危害最大的

主要是幼虫。蜂房小甲虫幼虫以蜂蜜和花粉为食，会挖洞穿过巢房，所经之处全被破坏，造成蜂蜜颜色不正常，并伴有发酵现象，在巢房和封盖被破坏且发酵的情况下，蜂蜜会起泡并溢出巢房，甚至流出蜂箱。蜂房小甲虫幼虫所经之处，会留下一种类似烂橙子味的黏糊状物质，这种物质刺激性很大，会迫使蜜蜂弃巢而逃。成年蜂箱小甲虫则喜食蜜蜂卵和幼虫，严重影响蜂群的繁殖，导致蜜蜂飞逃，甚至死亡。如果巢脾上有大量蜂箱小甲虫幼虫（图 11－8），则无论是强群还是弱群，都会在 2 周内被毁掉。

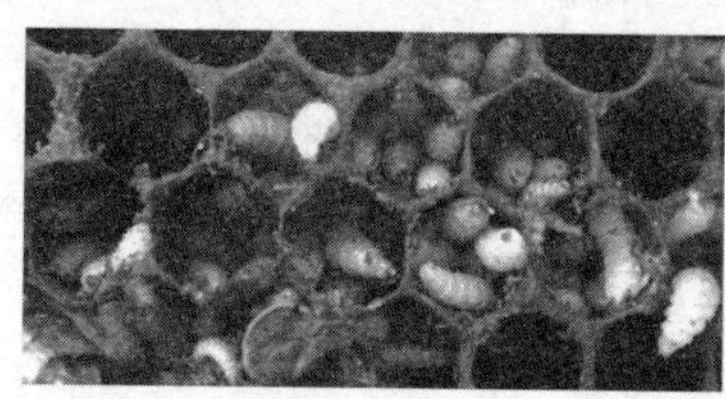

图 11－8 巢脾上的蜂箱小甲虫（广东蜂业协会提供）

（5）防治 应采取综合防治措施，如饲养管理技术、物理防控、生物防控和化学防控等。

① 饲养管理技术：蜂场要选择地势干燥、地面有较硬实黏土的地方，尽量保持蜂箱内外的干燥。蜂花粉有可能是蜂箱小甲虫的传播媒介，因此要慎用未经消毒和杀虫的蜂花粉。如果必须对蜂群饲喂蜂花粉时，可用蒸煮的方法进行杀虫处理。

② 物理防控：受感染的蜂场，应将蜂箱底部

和四周的表层土壤刨松后，用高浓度石灰水（或结合硅藻土）浇淋，使土壤板结同时杀死土壤中的虫蛹。这种方法需要耗费更多的劳动力，但当全场蜂群均被感染时，应尽量采取这种方式。

蜂箱小甲虫的幼虫和成虫会受到紫外线（390纳米波长）的吸引，表现出强烈的正向趋光性。因此，在夜间，蜂场可采用波长为390纳米的紫外线灯对蜂箱小甲虫进行诱捕。

③ 生物防控：用两种昆虫病原线虫（*Steinernema kraussei* 和 *S. carpocapsae*）对蜂箱小甲虫进行防控，尤其是对土壤中处于幼虫阶段的蜂箱小甲虫，控制率达到100%，控制效果可持续3周，建议在蜂箱周围0.90～1.80米的范围内使用。也可将不同亚种的苏云金芽孢杆菌添加到花粉团中进行混合饲喂，实现对蜂箱小甲虫的防控。

④ 化学防控：主要采用化学药剂进行防控。目前国外主要用于防控蜂箱小甲虫的商品有GardStar®（除虫菊酯类土壤灌溉剂）、Perizin®（3.2%蝇毒磷混合花粉）、CheckMite®（有机磷酸酯条带）、APITHOR™（芬普尼）。其中，APITHOR™适用于蜂箱底部，其可以显著而快速地减少蜂箱中成年蜂箱小甲虫的数量，且对蜂群健康及蜂产品安全均无影响。也可用蜂花粉混合低浓度农药（如宽康等）做成诱饵，置于诱杀杯（带盖，杯身钻有蜜蜂无法进入而蜂箱小甲虫可以进入的小孔，图11-9）中诱杀蜂箱小甲虫。

图 11-9 诱杀杯（罗岳雄摄）

3. 斯氏绒茧蜂

斯氏绒茧蜂也叫斯赞氏蜜蜂绒茧蜂，或被称为中蜂绒茧蜂。斯氏绒茧蜂在我国最早是 1980 年在四川中蜂体内被发现，此后各地陆续发生。2007 年，在广东从化的大岭山，有多个中蜂场发生斯氏绒茧蜂，造成了严重的损失。

(1) 形态特征 斯氏绒茧蜂成蜂体长 5～7 毫米，头部呈黄色，体色为暗褐色；老熟幼虫呈乳黄色，体长 5～6 毫米，形似蛆虫。

(2) 生物学特性 在华中地区，斯氏绒茧蜂的成蜂在蜂箱顶盖、底板、蜂箱缝隙或箱内旧巢脾中聚集，蛰伏越冬，到了翌年 3 月中下旬至 4 月上旬外界气候变暖时开始活动，进行觅食交尾。其主要在 4 月下旬至 9 月开始危害中蜂幼虫，以 6—7 月危害最严重。

斯氏绒茧蜂成蜂将产卵管伸进幼年工蜂的节间

膜，把卵产在蜜蜂体内，卵孵化后的幼虫以蜜蜂的淋巴液为食生长发育，随着幼虫逐渐长大，造成蜜蜂行动缓慢，最后失去飞翔能力，跌落于地面，最终死亡。斯氏绒茧蜂的老熟幼虫则咬破工蜂腹部末节黏膜，从工蜂肛门爬出，然后于蜂箱底部、蜂箱缝隙或地面2～3厘米厚的土壤层中结茧化蛹。

(3) 症状 被害蜂群的蜂箱前有工蜂缓慢爬行，腹部膨大，双翅不动。开箱提脾时，有腹部膨大的工蜂跌落至箱底，无力上脾，剖开其腹部可见有一条蛆虫。

(4) 防治 由于人们对斯氏绒茧蜂的研究还不够深入，因此到目前为止，还没有很有效的防治斯氏绒茧蜂的方法。针对目前对斯氏绒茧蜂已知的一些特性和危害方式，其防治方法如下。

① 饲养强群，减小斯氏绒茧蜂对蜜蜂的危害。

② 经常对蜂箱、旧巢脾进行清理，特别是蜂箱缝隙处，可以采用喷灯高温灭虫法，既可灭虫也可消毒。

③ 发生斯氏绒茧蜂时，将受害群移开，把蜂王关在王笼内并放在一边。原蜂箱位置放一干净的空蜂箱，把受害群的蜜蜂抖在原蜂箱里，被寄生的工蜂因抓脾不牢而跌于箱底；将抖完蜂的巢脾放在空蜂箱里，没被寄生的工蜂就会飞回空蜂箱的巢脾上，此时再放回蜂王；收集原蜂箱内和跌落于地面的蜜蜂并进行销毁。可这样反复操作若干次。

④ 鉴于斯氏绒茧蜂幼虫有入土化蛹的习性，

所以防治方法与蜂箱小甲虫相同：受感染的蜂场，应将蜂箱底部和四周的表层土壤刨松后，用高浓度石灰水（或结合硅藻土）浇淋，使土壤板结同时杀死土壤中的虫蛹。当全场蜂群均被感染时，应采取这种方式，以尽可能地消除隐患。

⑤ 对于发现有蜜蜂被寄生的蜂场，要及时进行隔离，避免敌害传播。

4. 胡蜂

胡蜂是蜜蜂的主要天敌，以山区蜂场受危害最严重。在广东省，每年 3—11 月胡蜂均可危害蜜蜂。当外界缺乏蜜粉源植物开花时，胡蜂缺少花蜜和花粉为食（多为 7—10 月），转而捕食蜜蜂，此时对蜜蜂的危害最严重。

危害蜜蜂的胡蜂以黑盾胡蜂最凶、最多、危害最严重。胡蜂一般在土穴或树上筑巢，常成群在蜂箱门口徘徊，找准时机，叼住蜜蜂，飞到附近的树上咬食，严重时多只胡蜂结伙攻入蜂箱内，咬死蜜蜂，将巢内的蜜粉洗劫一空，蜂群被迫飞逃。对胡蜂的危害，可用下列方法防治。

（1）缩小巢门 在缺蜜时期将巢门缩小至仅能容一只蜜蜂进出，防止胡蜂侵入。

（2）人工扑杀 加强蜂场巡视，发现有胡蜂时用拍子或长薄板扑打。

（3）蜂蜜诱杀 用一光滑广口的透明瓶子（瓶高 15 厘米以上，口径 8～10 厘米）或水杯，瓶盖上钻几个能让胡蜂钻进去的小洞，瓶内装一些高浓度蜂蜜水，置于蜂场附近胡蜂飞行的线路上，胡蜂即会前来取食并溺死于蜂蜜水中。开始时应注意赶走蜜蜂，当有胡蜂取食并被溺死后，蜜蜂一般不会再去取食。也可在胡蜂来取食时，用剪刀将其剪杀。

(4) 巢穴毒杀 当找到胡蜂巢穴后，可在夜间用农药灌杀；对在树上筑巢的胡蜂可在夜间用农药喷杀或火烧。使用的农药应选用对胡蜂击倒性强的触杀剂，如DDVP、除虫菊酯类等。

(5) 毒饵诱杀 可把农药拌于切碎的蛙肉或猪肉里，用盘盛放，置于蜂场附近，胡蜂取食后中毒死亡，或可人工用剪刀剪杀。

(6) 药物毁巢 在白天，先准备一个透明的玻璃瓶，瓶内置少量具熏蒸作用的农药粉剂（如林丹），然后在蜂场内用捕虫网捕捉胡蜂，将被捉胡蜂引入该药瓶中，盖上瓶盖，任胡蜂振翅3～5秒后开盖，任胡蜂将药剂带回蜂巢，毒杀巢内胡蜂。也可用猪肉引诱胡蜂前来取食，用棉签涂上药粉，再将药粉涂在胡蜂身上（图11-10）。一般如有十余只胡蜂带药回巢，即可毒杀整群胡蜂。在胡蜂危害的季节，连续数日使用药物毁巢的方法，可使来犯胡蜂的数量明显减少。应注意，不宜让胡蜂在药瓶中振翅太久，否则胡蜂会因接触药剂量太大而死于回巢的路上，反而达不到让其带药回巢的目的。

5. 其他昆虫

(1) 蚁类 可用铁架将蜂箱垫高，同时在地脚套上塑料瓶子，在瓶内置少量废机油，即可防止蚁

图 11-10 利用猪肉引诱胡蜂

类进入蜂箱。

(2) 蟑螂 可用市售的灭蟑药诱杀，但应注意不要让蜜蜂接触药物。

6. 蟾蜍

蟾蜍又叫癞蛤蟆，其白天隐匿在草丛中或石缝、砖头堆里，晚上爬到蜂箱巢门前捕食蜜蜂，一只蟾蜍一晚可捕食几十只到上百只蜜蜂。在广东省，4—10 月均可见蟾蜍活动，因此其危害性很大。对蟾蜍的防治，可采用下列方法。

(1) 除草清场 通过清除蜂场内的杂草，可使蟾蜍没有藏身之地。

(2) 支高蜂箱 用支架把蜂箱支离地面 50 厘米以上，使蟾蜍捕捉不到蜜蜂。

(3) 人工捕捉 可在晚上捕捉蟾蜍，并集中送到离蜂场 1 千米以外的地方放生，连捉几晚即可基本控制蟾蜍的危害。也可在蜂箱巢门前挖一个40～50厘米深的坑，坑底大于坑口，当蟾蜍前来捕食蜜蜂时，就会跌落入坑，第二天再将其捕捉后到远离蜂场的地方放生。

7. 鸟类、哺乳类

(1) 鸟类 在我国绝大多数鸟类都是保护动物，若出现鸟类大量捕食蜜蜂的情况，只能进行迁场躲避。

(2) 哺乳类 主要为山林里的黄喉貂、熊、猴等，均为国家级保护动物，应禁止捕杀。因此，一旦发生这类哺乳类动物的危害，只能迁场躲避。

(六) 中蜂农药中毒的处置

随着农业科学技术的发展，农药在农业生产上的应用越来越多，杀虫剂、除草剂等的用量也越来越高，导致蜜蜂产生农药中毒的现象也越来越严重。蜜蜂一旦发生农药中毒，很难用药物救治，造成的损失很惨重，轻者群势下降，重者除采集蜂大量死亡外，巢内的幼蜂和幼虫也大量死亡，甚至造成整群或全场覆灭。为了保护蜜蜂，一些发达国家已制定法规，强制种植者施用农药时要与植物花期错开，对需蜜蜂授粉的农作物，施用的农药种类也被加以限制，且规定因施用农药而引起蜜蜂中毒的，要负责赔偿养蜂者的损失。

1. 农药中毒的症状

蜜蜂在短时间内突然大量死亡，群势越强的蜂群死亡越多，以外勤蜂死亡为主，有时可见死蜂携有花粉团，严重时在采集线路上到处可见死蜂。中毒的蜜蜂有时在巢门前的地上打转，身体抽搐，死后两翅张开，吻向外伸出（图 11－11）。

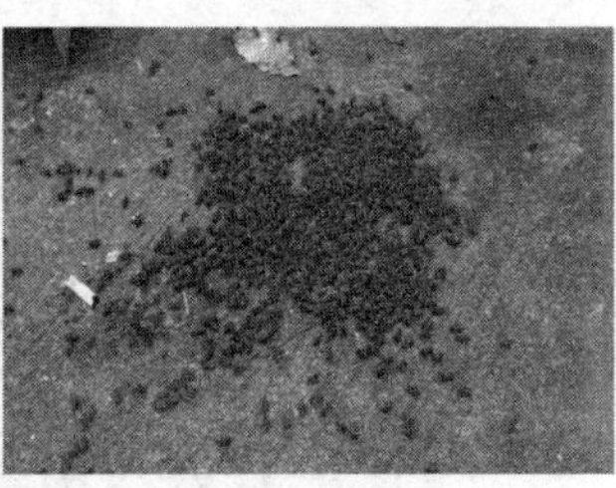

图 11－11　蜜蜂农药中毒症状（罗岳雄摄）

蜂群情绪暴躁，易蜇人，箱底有时可见死蜂或因瘫痪而无力上脾的蜜蜂。严重时，幼虫也会产生中毒，从巢房中脱出，称为“跳子”。

近年来，因新烟碱类农药（如吡虫啉、啶虫脒、烯啶虫胺等）和百草枯等的大量使用而引起蜜蜂中毒时，还会出现工蜂抓脾不牢，提脾时工蜂掉落于箱底或地面，伸吻现象不明显，只有个别工蜂出现。

有些具有杀虫卵作用的农药，可导致蜜蜂的卵在一段时间内不孵化。

2. 预防和急救

蜜蜂农药中毒一旦发生，很难救治，因此应以预防为主，发生后采用一些急救措施。

（1）预防措施

① 了解周边蜜源植物的农药施用情况：进入新的放蜂场地前，要先了解蜂场附近作物区蜜源植物的开花期和施用农药的时间，以确定蜜蜂的最佳进场时间。如在周边蜜源植物开花前期有可能产生蜜蜂农药中毒，则应舍弃早期花蜜，采集中后期花蜜。

② 加强与种植农户的联系和协作：应与种植农户协商，在植物开花前期施残效短、对蜜蜂毒性弱的农药。开花期一定要施用农药时，种植农户应提前 3 天通知养蜂者，以便及时采取措施。必要时，可在农药中加入一些对蜜蜂有驱避作用的驱避剂。

③ 关巢门或搬场：蜂场附近有农作物在施用杀虫剂时，应于施药前一晚关闭蜂箱巢门，打开气窗，气温高时要做好通风降温，给蜂群喂水。蜂群缺乏饲料时，在关闭巢门前要补喂糖浆。关闭巢门的时间可视杀虫剂种类而定，一般只能持续 1～3 天。如果施用的杀虫剂残效期长、毒性强，应立即把蜂场搬迁到 3 千米以外的地方。

（2）急救措施

① 清除有毒饲料：将巢脾上所有的饲料糖全部清除，并用 2%的苏打水浸泡巢脾 10 小时，再用水冲洗，用摇蜜机把水分摇干，将巢脾晾干后放回巢里，然后用绿豆甘草水糖浆饲喂蜜蜂。

② 饲喂解毒药物：根据农药种类采用相应的

解救药物，蜜蜂的解救药物与人农药中毒一样。如发生有机磷农药（1605、1059、乐果和敌敌畏等）中毒，可用0.1%～0.2%的解磷定溶液或0.05%～0.1%的硫酸亚托品喷脾；如发生有机氯农药（如狄氏剂、艾氏剂、氯丹等）中毒，可在250毫升的蜂蜜水中加入磺胺噻唑钠3毫升或片剂1片，待药物充分溶解并搅拌均匀后喷喂中毒的蜂群；如发生新烟碱类农药中毒，目前尚无有效解救药物。

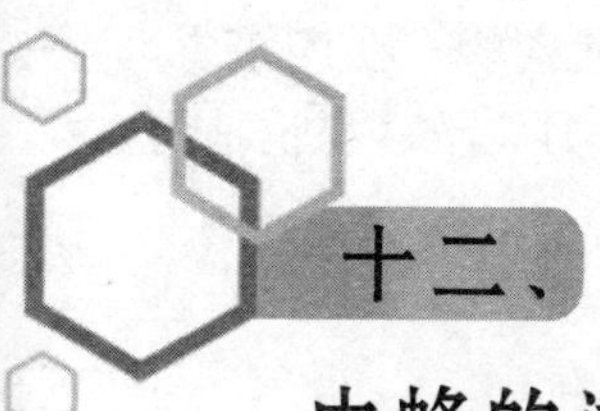

十二、中蜂的诱捕和过箱技术

（一）野生中蜂的诱捕

在山区，有很多中蜂在野生状态下生存，家养的蜜蜂也常发生飞迁或飞逃到野外筑巢生活。因此，在分蜂季节，在野外用诱捕箱很容易收捕到蜜蜂，对收捕回来的蜜蜂，只要加强管理，当繁殖到一定群势时就可以进行过箱，这样既可解决蜂种的来源，又可增加生产群，对养蜂者非常有利。

1. 诱捕地点

野生中蜂喜欢在避风遮雨、阴凉透气、冬暖夏凉、蜜源植物丰富和目标明显的地方筑巢。在广东省，野外的蜜蜂多在丘陵山坡、坐北朝南的山腰处生活，或在岩洞中或单独大树的树洞和树下筑巢，一些坑边泥洞也常常是野生蜜蜂居住的场所。因此，选择在这些地方诱捕野生中蜂的成功率较高。

2. 诱捕时间

一般在蜜粉源植物丰富、蜜蜂达繁殖高峰并将

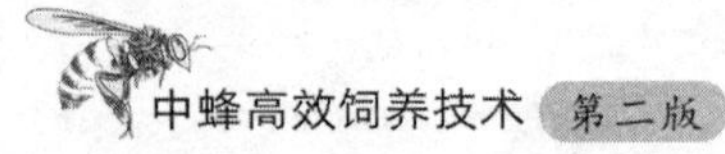

产生分蜂的季节，最有利于诱捕蜜蜂。在广东省，上半年 3—6 月和下半年 10—12 月，较容易诱捕野生中蜂。

3. 诱捕方法

(1) 诱捕箱的准备 可选择干净、无异味（如木材和油漆气味等）的木箱为诱捕箱。为方便以后过箱，箱的底板可用铁钉钉紧，但钉紧的程度以搬动时巢脾不会掉出来为宜。在箱底钻1～2个手指粗的小孔，作为蜜蜂进出的巢门。然后，把蜜蜂的旧巢脾煮熔，在蜂箱里涂一薄层煮熔的巢脾，以增加诱捕箱对蜜蜂的吸引力。用养过蜜蜂的旧蜂箱作为诱捕箱时，诱捕效果更好，可在箱内放几个已经穿铁丝的巢框，有利于以后过箱。

(2) 诱捕箱的放置 蜜蜂喜欢在目标明显的地方筑巢，因此应把诱捕箱放在一些显眼的地方，如单独的大树下、屋檐下、山腰大石下等（图 12 - 1），当在一个地方收捕到蜜蜂后，以后在同一地点收捕

图 12 - 1 诱捕箱的放置（罗岳雄摄）

到蜜蜂的可能性较大。诱捕箱的上面要用树叶、杂草等遮盖，以防日晒雨淋，可用绳子把诱捕箱吊在树干上，或用支架将其支离地面50厘米以上，以防敌害的侵袭。在同一个地方，尽可能多放一些诱捕箱。

在放置诱捕箱后，要注意经常检查，最少每周检查一次。如果发现有野生蜜蜂进箱筑巢，可在晚上关闭巢门，将诱捕箱搬到便于管理的地方，用借脾的方法进行过箱。如当地蜜源条件较好，管理也较方便，可不移动诱捕箱，待蜜蜂繁殖到一定程度后再进行过箱。

（二）中蜂的过箱技术

过箱是指把养在不能开箱检查的蜂箱或蜂桶、蜂笼中的蜜蜂，用人工的方法，转移到活框式蜂箱中的技术。过箱后的蜂群，养蜂者就能随时开箱，抽出巢脾进行检查，并对蜂群出现的各种情况采取必要的处理措施。此外，当蜜蜂生活在没有巢框的旧式蜂箱中时，巢脾不能移动，在收蜜时只能毁脾取蜜，巢脾不能重复使用，这样每收一次蜜，蜜蜂就要重筑一次巢。因此，这类蜂箱每个花期只能收一次蜜，产量低；加上毁脾灭子，严重阻碍了蜂群的发展。但如果过箱后使用活框式的巢框，巢脾即可随意取出，收蜜时巢脾可重复使用，一个花期就可多次收蜜，产量高；且收蜜时，不损害巢脾上的蜂子，因此不影响蜂群的发展。

1. 过箱条件

(1) 蜜粉源条件 由于过箱是一种强迫蜜蜂迁移的方法，难免造成蜂巢内贮蜜的损失和对蜜蜂幼子的伤害。因此，为了过箱后能使蜂群情绪稳定，群势能及早恢复，一定要在外界有较多蜜粉源植物开花时，才能过箱。

(2) 气候条件 由于过箱时要使蜂巢在蜂箱外暴露一段时间，气温太高或太低都会使蜜蜂的幼子闷死或冻死。因此，过箱应在气温为 25～30 ℃、晴朗无风的天气进行，且要尽量缩短子脾在箱外暴露的时间，这样才不会造成蜂子闷死或冻死，也不会导致蜜蜂情绪暴躁、易蜇人，使过箱能顺利进行。

(3) 蜂群条件 要求蜜蜂群势在过箱后具有 2 脾以上，脾上有较多低龄的蜜蜂幼虫，贮粉、贮蜜较充足，无病敌害等。

2. 过箱工具

蜜蜂过箱工具有蜂箱、加铁丝的巢框、割脾刀（可用水果刀）、垫板（多块）、缚脾用的绳子（尼龙绳、麻绳等）、收蜂器、面网、喷烟器、装废弃巢脾的桶、毛巾和水盆等，以及一套开箱工具。

3. 过箱方法

过箱要求操作时间短、动作轻稳，最好能在 20 分钟内完成过箱。为达到以上目的，过箱最好由 3 人协同操作。

过箱有三种方法，即翻巢过箱、原巢过箱和借脾过箱，现将各种过箱方法介绍如下。

(1) 翻巢过箱 是指将要过箱的蜂巢翻转 180°，使巢脾的下端向上，利用蜜蜂向上的特性，驱赶蜜蜂离脾，使蜜蜂进入收蜂笼或空蜂箱中，然后进行割脾过箱。用这种方法，可避免巢脾断折，操作较为方便。对可以翻转或底板和侧板可以打开的蜂箱或蜂桶等，均可采用这种方法过箱。

① 翻转巢箱：将巢箱搬离原地，在原地放一个空蜂箱，用于收集飞回巢的蜜蜂。把巢箱底部清扫干净，然后翻转 180°，放在平地或另一个空蜂箱上。如果原巢离地较高，可逐日下降到过箱后放置蜂箱的位置，再过箱。

② 驱蜂离脾：打开诱捕箱的底板或蜂桶无巢门的一头，放入收蜂器，然后向巢门喷烟，蜜蜂受到烟的刺激后就会离开巢脾，进入收蜂器里（图 12－2）。最好把打开的一头稍微向上抬高，这样蜜蜂会更快进入收蜂器。把收蜂器和蜜蜂放在原巢位置，收集回巢的蜜蜂。

③ 割脾：用锋利的长刀（如水果刀），从巢脾的基部将巢脾切下，并用手掌承托取出，对有用的巢脾可平放在垫板上，不要重叠；对无利用价值的巢脾（如无蜜、无子的老脾），即可将其放在桶里，留作化蜡。

④ 裁脾：是指切除巢脾上利用价值不大的部分，然后把好的部分裁切整齐，以便于绑脾。裁脾

图 12-2　驱蜂离脾示意（仿自张中印）

时，可按一个巢框作为规格尺寸来裁切，可将 2～3 张脾拼接成 1 张脾。裁脾的原则是：去旧脾留新脾、去蜜脾留子脾和粉脾、去雄蜂脾留工蜂脾、留大面积的脾、去小面积的脾，同时要尽量去除子脾上的蜜脾。裁好的脾，上端应紧贴巢框的上梁；对多张脾进行拼接时，脾与脾之间应紧凑，不能出现间隙。

⑤ 绑脾：绑脾是过箱能否成功的关键，一定要绑牢。把加铁丝的巢框放在裁好的脾上，巢脾的上端一定要紧贴上框梁，沿每根铁丝的下边，用割脾刀在巢脾上划一道小缝，深度为巢脾厚度的一半（即达巢房的基部），然后用小刀或小竹片把铁丝压进巢脾里，用绳子在巢脾的下端向上把巢脾绑在上框梁上（在上框梁上打结），这个过程最好是 2 人协同操作。如果一个巢框只有一张较大的脾，可绑 2～3 道，如果一个巢框是由

较多的巢脾拼接而成，则要多绑几道。绑好的巢脾要求平整、牢固。绑脾后，用干净的湿毛巾把粘在子脾上的蜂蜜轻轻抹净。各种绑脾上框方法如图 12－3 所示。

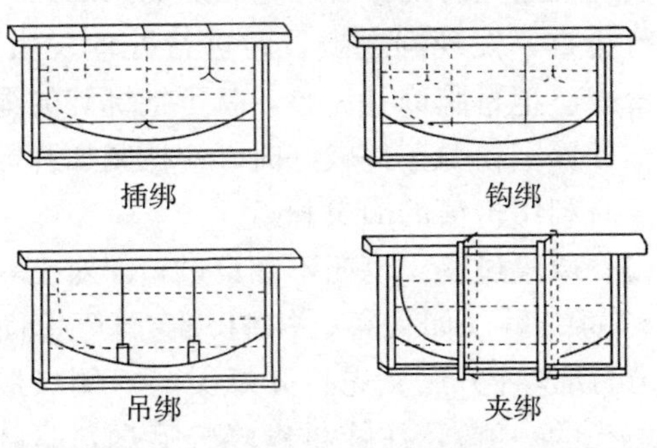

图 12－3　绑脾上框示意（仿自张中印）

⑥ 倒蜂进箱：把绑好的巢脾放进蜂箱里，子脾大的放在中间，子脾小的放在两边，保留蜂路，依次排列整齐，然后关闭巢门，把蜜蜂对准巢脾用腕力抖进蜂箱里，盖上箱盖，再把蜂群放在原蜂巢的位置上。

⑦ 驱蜂上脾：倒蜂约 10 分钟后，蜂群逐渐安静，此时可开箱检查。如果发现蜜蜂已全部上脾，可盖上箱盖，打开巢门，蜜蜂就会开始进行清理死蜂等工作，即成功过箱；如果蜜蜂不上脾，可用手或蜂帚等赶蜂上脾。过箱完毕后，要把场地用水清洗干净。

⑧ 过箱后的管理：过箱后如果原地适宜继续饲养蜜蜂的，可把蜂群放在原地；如果不适宜饲养

的，可于日落蜜蜂全部回巢后，把蜂群搬到有蜜粉源的地方。由于过箱时对蜂巢进行了破坏，贮蜜也基本失去，因此过箱后的当天晚上，要对蜂群进行补充饲喂，连续饲喂 2～3 晚，以保持蜂群的安静和加快蜂群对巢脾的修补。过箱后的第二天，对蜂群进行检查，发现问题要及时进行处理。几天后，如果蜜蜂已把巢脾修补完整，就可把绑脾的绳子去掉。在外界蜜粉源条件较好时，应抓紧加脾，逐渐替换没有利用价值的旧巢脾。

（2）原巢过箱　也叫不翻巢过箱，对于一些不能翻转的蜂巢（如大柜、树洞、墙洞等里面的蜂巢），可用这种方法。先打开蜂巢的一侧（最好是巢脾端头的一侧），往蜂巢里轻轻喷烟，驱赶蜜蜂离开巢脾到另一头结团。用一只手托住巢脾，另一只手持刀，沿巢脾的基部将巢脾割下，然后进行裁脾和绑脾，其操作与翻巢过箱基本相同。当割完脾后，如果能用收蜂器收蜂的就用收蜂器；如果无法用收蜂器收蜂的，可用手捧或用瓢舀蜂过箱。注意不要遗漏蜂王，可先找到蜂王并关在王笼内，放到蜂箱的巢脾上，如无王笼，可先把蜂王连同少量工蜂一起舀进蜂箱里。用这种方法过箱的蜂群，最好移到其他地方饲养。

（3）借脾过箱　是指在活框饲养的蜂群里，抽出一张至几张带有蜜蜂幼虫的子脾到要过箱的蜂箱里，当蜂群过到这个有子脾的蜂箱里时，比较容易接受新蜂箱，过箱成功率较高。割下原群的巢脾后绑好，将其放到借脾的蜂群里或其他蜂群里，也可放在原群里，可视具体情况而定。

过箱后的蜂群只要加强管理，就能很快繁殖壮大，因此过箱既能解决蜂种的来源，又能增加蜂群数量，每个养蜂者都应熟练掌握。

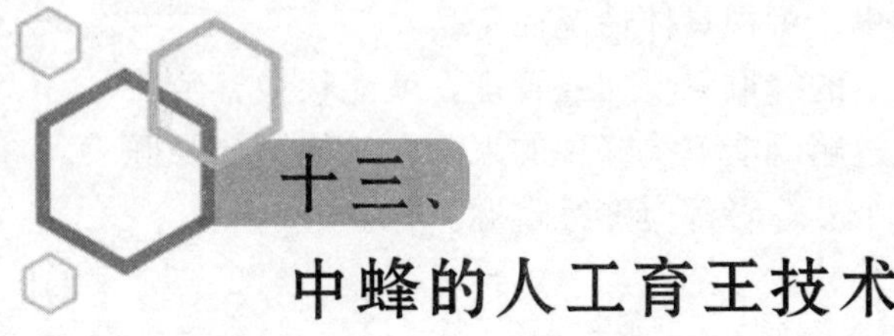

十三、中蜂的人工育王技术

良种是高产的保证，养蜂要取得高产，就要选择优良的品种，人工育王就是选育良种的方法之一。

（一）人工育王的概念

人工育王就是根据蜜蜂产生蜂王的生物学特性，通过人为的方法，选择各方面性能好的蜂群作为繁殖用的种群，为低日龄的幼虫创造一个良好的营养条件，培育出一大批具有优良性状的蜂王。其做法是制造人工王台，在王台里移进 2 日龄以内的蜜蜂小幼虫，再把人工王台放到刚除去蜂王的蜂群里，工蜂就会把人工王台内的小幼虫当作蜂王来培育，最后培育出新的蜂王。用这种方法育出来的蜂王，其所繁殖的后代具有较好的生产性能和抗病、抗逆性能，养蜂者能取得更高的蜂蜜产量，获得更好的经济效益。

（二）人工育王的条件

人工育王能否成功，除了要有熟练的操作技术外，其他各种条件也应满足，现将人工育王的条件介绍如下。

1. 种群的选择

种群的选择包括选择供移虫育王的种用母群和雄蜂群。蜂王除了产卵外，还可通过分泌蜂王物质对蜂群进行调节和控制；而雄蜂则决定着蜂群一半的遗传性能。尽管蜜蜂的交尾是在空中进行的，一个蜂王有可能跟本场的雄蜂交尾，也有可能跟其他蜂场的雄蜂或野生的雄蜂交尾，但对雄蜂的选择仍很有必要，因为本场的雄蜂还是有机会与选育出来的蜂王进行交尾。严格选择种用母群和雄蜂群，是人工育王的一项很重要的工作。

对种用蜂群的选择，要经过长期的多方面的观察，严格进行。作为种群的条件是蜜蜂个体大，群势强（能维持 4 脾蜂以上），分蜂性弱，生产性能好，抗病力强，性情温驯，巢脾上有充足的卵虫脾。

2. 哺育群的选择

种群是用来提供育王的虫或卵的蜂群，哺育群是用来哺育人工育王蜂王幼虫的蜂群，是培育蜂王的“奶娘”和“保姆”。哺育群要求群势强大，蜂多于脾，有分群的趋势，无病敌害，卵虫脾充足，有雄蜂出现。

3. 育王的外界条件

外界条件直接影响蜂群的食物和活动，主要包括蜂场附近的蜜粉源条件、气候条件和地理条件等。

蜜粉源植物是蜜蜂生存的物质基础，因此育王场附近要求有丰富的蜜粉源植物开花，除有主要蜜源植物外，还应有一些辅助蜜源植物开花，花期要求较长，最好在1个月以上。气候条件要求温暖，天气晴朗，无狂风暴雨。地理条件要求环境开阔，无大的湖泊和水库，便于处女王的试飞和交尾。

（三）人工育王的方法

1. 蜂群的准备

（1）雄蜂的准备 中蜂的雄蜂，从卵到性成熟期比蜂王长，雄蜂需32～34天，蜂王为19～20天，因此在育王前的13～14天就要大量培育雄蜂。可提前1个多月，从其他蜂群里抽出老熟的封盖子脾加到选好的雄蜂种群中，如果雄蜂种群的群势较大，可将其巢脾抽减，密集群势，造成蜂多于脾，促使蜂群起“分蜂热”，这时可将中间子脾的两下角切下一小块，工蜂就会在两下角造出雄蜂房，蜂王就会在雄蜂房里产下雄蜂卵，进而培育出雄蜂。

（2）种用母群的准备 为了避免近亲交配，在移虫前要把种用母群（供移虫用的育王群）的雄蜂去除。在移虫前的第四天抽出一些较旧的巢脾，然后在中间插回一张较新的巢脾，或提前6天左右插入一张新巢础，并适当进行奖励饲养，让工蜂造脾，蜂王就会在新的巢脾产下成片的卵，为人工育王移虫提供适量的初孵幼虫。

(3) 哺育群的准备 一般采用除王的方法。可在移虫前一天把蜂王提离蜂群或直接除掉，给蜂群造成失王状态，工蜂就会产生强烈的育王需求。在无王群中插入装有台基条的育王框，工蜂就会马上清理王台基，此时即可进行移虫。

2. 工具的准备

人工育王的工具包括育王框、纯蜂蜡、蜡杯棒和移虫针等，现介绍如下。

(1) 育王框 用小木条制成，与巢框相似，长和高与巢框相同，宽为巢框的一半，以利于蜂群的保温。在巢框内等距横装 3 条可以拆卸的小木条，用于粘贴王台基，故被称为台基条。

(2) 纯蜂蜡 最好用巢脾的封盖蜡。每次收蜜时，把割下的封盖蜡收集起来，或把巢脾框梁上出现的赘脾收集起来使用。把纯蜡放在一个小金属杯里，熔化后制作蜡杯。

(3) 蜡杯棒 是用来制蜡杯的小木棒，可自制。选质地细密、长 10 厘米的小圆木棒，下端直径为 6 毫米，往上 9 毫米处开始直径为 7 毫米左右，整个底部呈半球形，在 9 毫米处画一条横线，蜡杯棒在醮蜡时以不超出此线为限，使用时先用水浸透，以便脱下蜡杯。

(4) 移虫针 用于移虫。选用有弹性的小薄片

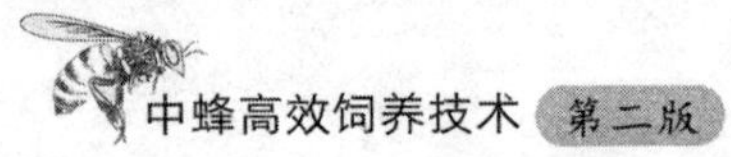

制成，材料可用钢片、塑料片、牛角片、鹅毛的基部等，剪成小长舌状。

3. 人工育王的操作方法

（1）做蜡杯 蜡杯是人工制作的王台基，也叫王杯。将纯蜂蜡煮熔，温度控制在68～72 ℃为宜。把泡过水的蜡杯棒甩干，垂直伸入蜂蜡中8～9毫米，慢慢地提起，再放进水中冷却，取出后用手轻旋脱下。每做好一个蜡杯，都要把蜡杯棒浸入水中。做好的蜡杯要求底厚口薄。把做好的蜡杯用蜡粘在一条长20毫米、宽10毫米的硬纸片上，再把硬纸片用蜡粘在育王框的台基条上。为保证育王的质量，每个育王框一般装3条台基条，蜡杯数以30个以内为宜，底部的台基条可粘9～11个蜡杯，中部的台基条可粘7～9个蜡杯，上部的台基条可粘5～7个蜡杯。

（2）移虫 由于中蜂工蜂分泌的蜂王浆较少，因此在人工育王时要求采用复式移虫的方法，即一次育王要进行两次移虫，以保证有足够的王浆提供给王杯中的小幼虫。现将方法介绍如下。

在移虫前的一天，捉走哺育群中的蜂王，在移虫前2～3小时除去蜂群中所有的急造王台，把上好王杯的育王框插进蜂群中，让工蜂清理和修理2～3小时，再把育王框提出来移虫。

移虫可在室内进行，也可在避风、明亮、阳光不直射的清洁场所进行，环境条件要求气温为25～30 ℃、湿度为80%左右。

移虫时，从哺育群中提出育王框，从种用母群中提出有较多1～2日龄幼虫的巢脾，取下粘有王杯的台基条，在每个王杯的底部滴入一滴蜂蜜，用移虫针从种用母群提出的巢脾中挑出一条1～2日龄的幼虫，移进王杯的蜂蜜上。挑虫时，用移虫针轻轻从幼虫的背部下针，再轻轻地托起，移进王杯时动作也要轻柔，然后把移幼虫针稍为向下，轻轻从旁边退出，切勿碰伤幼虫。把移好幼虫的台基条装回育王框，杯口向下，再把育王框放进哺育群中，插在巢脾的中间，两边的巢脾紧贴育王框，不留蜂路，晚上给哺育群喂糖浆。第二天，再把育王框从哺育群中提出，除去第一天移进的幼虫，再从种用母群的巢脾上挑出1日龄小幼虫，移进王杯里。由于第一天移虫后，工蜂已向蜡杯里吐了大量的蜂王浆，因此不用再向王杯里滴进蜂蜜，其他的方法与第一天移虫相同。用这样的方法移虫，由于第一次移虫后工蜂向蜡杯中分泌了蜂王浆，所以保证了第二次移的幼虫有充足的王浆可以食用。要注意的是，当每次把育王框插进哺育群时，对哺育群的每一张巢脾都要进行检查，毁掉所有的急造王台，这样才能保证哺育群对移进的幼虫有较高的接受率。

(3) 移虫后的管理　移虫后的第六天，当王台封口时，还要检查蜂群，彻底毁掉巢脾上的急造王台，以免急造王台的处女王出台时咬坏人工育王的王台。移虫后的第十天，要及时把人工培育的王台分别介绍进需要换王或人工分蜂的蜂群中，否则只要有一只新蜂王先出房，全部王台就会被咬毁或引起分蜂。

当把人工培育的王台介绍进其他蜂群后，人工育王就结束了。

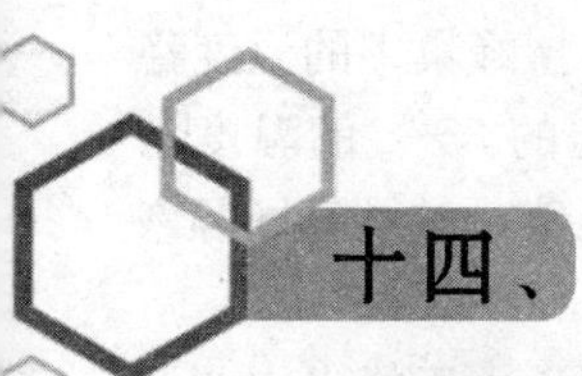

十四、中蜂双群同箱饲养技术

在养蜂生产实践中，饲养强群是高产的保证，而双群同箱饲养作为一种特殊的饲养技术，可以解决中蜂群势弱、产量低的缺点，可使中蜂饲养获得较好的经济效益。

（一）双群同箱饲养的优点

双群同箱饲养，就是在一个蜂箱中同时饲养两群蜜蜂，其不同于双王同群，两群蜜蜂尽管处于同一个蜂箱中，但相对独立。

中蜂对当地气候等条件较为适应，饲养强群是中蜂生产的基础，但由于中蜂蜂王产卵力弱、分蜂性强，加上其他的一些原因，中蜂群势近10多年来出现下降的趋势，蜂群繁殖慢，生产力下降，产量减少。在山区，冬春季节气温低、昼夜温差大，使群势弱、影响繁殖和生产的问题更加突出。

双群同箱饲养有以下优点：

（1）有利于繁殖 双群同箱饲养，等于一个蜂箱中有两只蜂王产卵，因此蜂群繁殖力增强。且由于两群蜜蜂靠在一起，有利于维持蜂巢中的温度稳定，这对于蜂群育子要求有稳定的35℃的温度条件创造了基础，有利于蜂群的繁殖，对早春蜂群恢复期的繁殖更为重要。

（2）有利于蜂群的采集活动 由于蜂巢中的温度稳定，可减少外勤蜂从事巢内保温工作，使更多的外勤蜂可以进行外出采集活动，且可早出晚归，延长出勤时间。

（3）有利于组织强大的生产群 强群是养蜂生产取得高产的保证，双群同箱饲养的蜂群，在大流蜜期到来时，只要略加调整就可成为强大的生产群。

双群同箱饲养对解决中蜂群势弱的问题有一定作用，而且可以相对减少饲料、蜂箱和运输的费用，减少放蜂场地等，是中蜂饲养值得推广的一项技术。

（二）双群同箱饲养蜂群的组织

1. 双群同箱饲养蜂群的生物学依据

蜜蜂群与群之间靠“群味”进行识别，有蜂王存在的蜂群，对他群的敌意更为强烈，但当两群蜜蜂在隔离的情况下，互相靠近一段时间后，就可以降低这种敌意，甚至可以任意调换部分带蜂的巢脾。

2. 蜂箱的准备

在做蜂箱时，在蜂箱的两端中间垂直开一条宽约 8 毫米、深约 3 毫米的沟，并做一块隔板，可以把蜂箱从上到下一分为二，再做两个小副盖，每个副盖刚好能盖住半个蜂箱。有的养蜂者为图省事，用一张塑料薄膜盖在蜂箱上，用图钉把薄膜钉在蜂箱中间的隔板上，虽然在做蜂箱时省事，在管理操作时也会方便一些，但在大流蜜期不利于水分的排出。蜂箱前后两头对角线开巢门。

3. 蜂群的组织

蜂群的组织方法与蜂群合并相同，但要把其中一群的巢门方向先调至与另一群不同，并让蜜蜂适应后再进行合并。合并后的蜂群先摆在蜂箱的两侧，等两群蜂适应后再紧靠隔板。也可结合转地饲养，在装车前把两群蜂放在双群箱里，到目的地后，先打开一群的巢门，待其安静后再打开另一群的巢门。有时也可把一个较强的蜂群人工分蜂分成两群，方法是在事前把蜂箱的前后门都打开，让蜜蜂熟悉后将其一分为二，中间用隔板隔开，介绍一个新的蜂王进无王群中（图 14－1）。

刚组织的蜂群，当晚最好喂些糖水，以稳定蜂群的情绪，第二天要观察蜂群的情况，如出现不正常现象要及时处理。

（三）双群同箱饲养的管理技术

现结合广东省一年四季的变化，将中蜂双群同箱饲养的管理方法介绍如下，各地可根据本地的实

图 14-1 双群同箱饲养示意（梁勤提供）

际情况进行蜂群管理。

1. 春季流蜜期前的蜂群管理

1—3 月（小寒至春分），是广东省气温最低时期，蜂群处在从繁殖低谷到逐渐恢复再到繁殖高峰的变化过程中。这期间，外界有零星的蜜源植物开花，有利于蜂群的繁殖。但在这期间常有寒流出现，后期多为阴雨绵绵的梅雨低温天气，这种气候条件对蜂群的繁殖存在不利影响，也最可以体现双群同箱饲养的优势。

这时期的双群同箱饲养蜂群管理要点是组织蜂群、抓保温、促繁殖、防病害。

1 月（小寒至春分），收完冬蜜后，在天气良好的日子里进行双群同箱饲养蜂群的组织，两群蜂都要保持蜂脾相称或蜂多于脾，并对蜂群进行全面检查。检查时要注意蜂王的状况，如失王或蜂王有伤残，要及时介绍新王、换工。做好蜂群的保温工作，可在双群同箱的隔板外填充干稻草或旧报纸等保温物，巢脾的上面用塑料布覆盖。填充的保温物经一段时间后，因吸湿受潮要常拿出来晒干。要及时填补蜂箱盖的缝隙，以防下雨时漏水。对缺乏贮蜜的蜂群，要用较浓的糖浆进行救助饲喂。

2月（立春至雨水），奖励饲喂，及时加脾。这时期，在山区有零星的蜜粉源植物开花。双群同箱饲养的蜂群比一般蜂群较早进入繁殖期，应及早对蜂群进行适当的奖励饲喂，注意及时加脾，使蜂王有足够的巢房产卵。

3月（惊蛰至春分），育强群，控制分蜂热，防病害。蜂群壮大后，利用育好的处女王换王。有意识地培育强群，可从同箱的一群中抽调老熟子脾加到另一群，以壮大另一群的群势。随着蜂群的群势不断壮大，两群蜂可从中间相靠摆放转向蜂箱两侧摆放。为防止产生分蜂热，可把弱群分出，再与其他弱群组成新的双群同箱饲养蜂群；也可结合换王，再把强群组成双群同箱饲养的蜂群，既可解除分蜂热，又能促进蜂群的繁殖。这样，有利于在大流蜜期到来时，组织较强群势的蜂群（要求有4脾蜂以上）用于采集生产。

在这个时期，经常出现低温阴雨天气，蜂群很容易发病，要注意做好病害的防范工作。

2. 荔枝花期的蜂群管理

4月（清明至谷雨），是收获荔枝蜜的季节。这时期的管理要点是组织强大生产群，适时进场，采集荔枝蜜。

进场采荔枝蜜前要先组织生产群，群势以3～5脾为宜，蜂脾相称或蜂多于脾。群势太弱，生产力低；群势太强，则容易产生分蜂热，也不利于生产。此时如果双群同箱饲养的两群蜂群势都很弱，可合并为群势较强的生产群。如群势中等，可在进场前装箱时通过调整分成两群，使其中一群达到较强群势（4～5脾）成为生产群，另一群仍成为繁殖群，或保留现状（双群同箱饲养）。如果两群蜂群势都较强（4脾以上），则可分开，单群饲养成为生产群。在荔枝花后期，对群势较弱的蜂群重新组织成为双群同箱饲养蜂群。

3. 夏季流蜜前期及流蜜期的蜂群管理

在广东省，夏季（5—6月，立夏至夏至）流蜜期的蜜源植物主要是山乌桕和隆缘桉。在流蜜期前，外界有零星的蜜源植物开花，有利于蜂群的繁殖，此期间会出现高温高湿的气候条件，并常有暴雨和台风。这期间蜂群的管理要点是前期加强管理，促进蜂群繁殖，注意控制分蜂热的产生；后期除个别特弱蜂群（群势在2脾以下）用双群同箱饲养外，到中等群势（3脾以上）的用单群饲养。在山区因昼夜温差，中等群势的蜂群仍可用双群同箱饲养。

（1）加强管理，及时加巢础造新脾 如外界蜜粉源不是很充足，可对蜂群进行适量的补充饲喂，或加巢础造新脾，以促进蜂群的繁殖。

(2) 组织群势适当的生产群 由于外界温度高，因此生产群的群势不宜太大，一般以4脾蜂左右为好，群势太强容易生产分蜂热。此时如果双群同箱饲养的群势达3脾以上，可改为单群饲养。群势较弱的可把蜂群摆在蜂箱两侧。

4. 夏秋伏期的蜂群管理

7—9月（小暑至白露），广东省养蜂进入入伏度夏时期。在此期间，天气炎热，气温高，缺蜜严重，蜂王产卵减少，甚至完全停止产卵。这时期的管理要点是弱群双群同箱饲养，中等群势以上单群饲养；防高温、防天敌、防巢虫，保存蜂群实力，为出伏繁殖做准备。

(1) 调整蜂群 抽脾缩巢，对群势较弱的蜂群以双群同箱饲养，注意留足饲料，最好把蜂场迁至有零星蜜粉源的地方，但要注意周围不能有施农药的农作物，以防蜜蜂农药中毒。蜂群要摆放在阴凉通风的地方，蜂箱用杂草等进行遮阴。在度夏期间，要做好防胡蜂、蟾蜍危害的工作，加强对蜂场的巡视，白天拍打胡蜂，晚上捕捉蟾蜍。

(2) 谨慎选择补充饲喂 在度夏期间，对个别因饲料严重缺乏、有逃跑可能的蜂群，才有必要进行补充饲喂；对需补充饲喂的蜂群，可在晚上喂以浓糖浆，喂的量要严格控制，以当晚蜜蜂可以取食完为宜，在第二天天亮时把饲喂器取出。此外，蜂箱内或蜂场周围应设喂水器，以便蜜蜂采水。

(3) 减少和避免开箱检查 在夏季蜜源结束进

入度夏期后，蜂群要尽量减少开箱检查，应多以箱外观察为主，以减少饲料的消耗和防止盗蜂的产生。

5. 出伏后及冬季流蜜期的蜂群管理

从9月中下旬开始到12月底（秋分至冬至），为蜂群出伏后恢复繁殖及进入冬季流蜜期。从9月中旬开始，气温逐渐下降，外界也开始有蜜粉源植物开花，蜜蜂从酷热、缺蜜断子的恶劣环境中度过，进入繁殖恢复期，称为出伏。11月中旬，冬季蜜源植物（野桂花和鸭脚木）开始开花，进入冬季流蜜期。这段时期的管理要点是促进蜂群繁殖，培育强群收冬蜜。

(1) 全面检查，及时奖励饲喂 9月下旬开始，对蜂群进行全面检查，把蜂群里多余的巢脾和烂脾抽出，使蜂脾相称。通过整理后蜂群的群势多数较弱，基本都可以采用双群同箱饲养的方法。同时，为防巢虫，可将巢脾轮流抽出，在太阳下晒，把巢虫驱赶出巢脾或晒死；进行奖励饲喂，调动蜂群采集的积极性和刺激蜂王多产卵。

(2) 及时加脾扩巢 10月（寒露后），出伏后第一批成蜂已培育出来，这时野外辅助蜜粉源植物开花的种类较多，应及时对蜂群加巢础，让蜜蜂造脾扩巢。加脾时，适当进行奖励饲喂。

(3) 早育王、防敌害、重保温 11月初（立冬前），外界辅助蜜源丰富，蜂群繁殖加快，可抽调一些老熟封盖子脾集中给具有优良性状的蜂群，促使其提早产生分蜂热，以其为育王种群，进行人工育王，及时更替老残的蜂王。对群势较强的双群同箱饲养的蜂群，可组织成生产群和繁殖群分开饲养；对中等群势的仍用双群同箱饲养的方法。在管理上，要注意加强保温和预防敌害。总之，这时期的管理重点是确保有群势强大的蜂群成为冬季蜜源植物的生产群。

(4) 花期结束，调整群势 除个别强群外，基本上都可组织为双群同箱饲养，并要保持蜂脾相称或蜂多于脾；把蜂路缩小至 0.8 厘米左右，缩小巢门，加强保温。如果当地蜜源缺乏，应把蜂场转至蜜源较丰富的地方。

以上为一年中中蜂双群同箱饲养的管理方法，可结合当地的实际情况，有选择地采用。

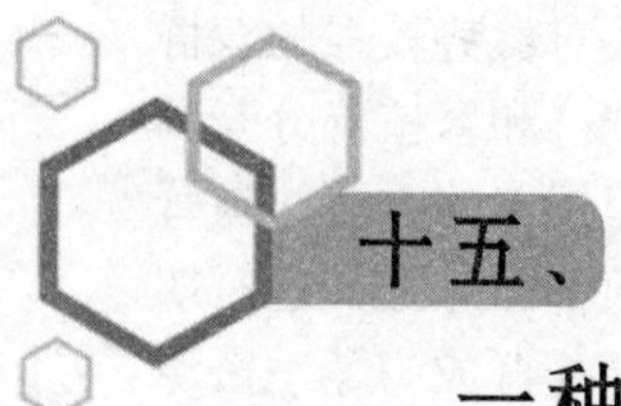

十五、一种改良的中蜂传统饲养技术

（一）中蜂改良传统饲养技术的原理

1. 技术简介

我国饲养中蜂的历史悠久，过去饲养中蜂都是利用木桶、竹笼、树筒饲养，称为传统饲养。传统饲养的蜂群，巢脾不能移动，采用毁脾灭子取蜜，严重破坏蜜蜂的繁殖；一个花期只能取一次蜜，产量低，效益差。

自西方蜜蜂引进中国以来，活框饲养技术随之引进，并应用于中蜂，这种活框饲养技术就称为现代饲养技术。活框饲养技术，由于巢脾可以移动，所以可以从蜂箱中取出，一个花期可以多次取蜜。但活框饲养不适应中蜂的生物学特性，造成蜂群群势下降，多病，繁殖缓慢，其生产的蜂蜜售价也不如传统方法生产的高。对传统饲养技术进行改良，既可以利用传统（非活框）的饲养方法，每个花期又可多次取蜜。由于改良后的蜂箱能使蜂群保持在自然环境中的生活习性，故取原生态蜂箱之名。中蜂传统饲养方法的改良，可解决当前中蜂生产中群势小、病害多的难题，对山区饲养中蜂也很适应。

2. 技术原理

中蜂改良传统饲养技术主要是在蜂箱的中部加横支撑条，其原理如下：

（1）在蜂箱正立状态下让蜜蜂在蜂箱中吐蜡做脾，这时巢脾上部是贮蜜区，下部是育子区，至巢脾的贮蜜区已满并封盖，把贮蜜区切下收蜜。切贮蜜区不应超过中间的支撑条。

（2）收蜜后将蜂箱的箱体上下调转，这时育子区在上部，当蜜蜂的幼蜂出房后，育子区变成贮蜜区，蜜蜂可继续贮蜜，下部是已被切除的贮蜜区，蜜蜂会在此吐蜡做新脾，成为新的育子区，当新形成的贮蜜区已满并封盖，可把贮蜜区切下收蜜。以后如此循环操作。

（二）蜂箱的改造

中蜂改良传统饲养主要是要对蜂箱进行改造。蜂箱长×宽×高＝35 厘米×35 厘米×30 厘米，长边为箱体的侧面，宽边为箱体的两头，在箱体两侧面中间平均距离各打两个方孔，横穿两条木条，箱体两头近底部的左侧各打两个孔，作为蜜蜂进出的巢门。

蜂箱要求用树龄较大的干燥杉木为材料，厚 1 厘米以上。刚做好或刚油漆的蜂箱，由于有木头和

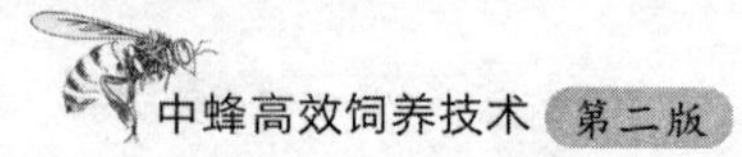

油漆的气味，蜜蜂不喜欢，所以应打开箱盖，2 个月后再使用。

改良的中蜂传统饲养技术关键在蜂箱侧面中间的两根横木，它可作为固定巢脾之用。如果家中有木桶、树筒，可参照上述方法，在中间呈十字加上两条硬木条，上下开有巢门即可。

（三）中蜂改良传统饲养的管理要点

1. 蜂场场址选择

蜂场要选择在地势高燥、背风向阳、温度适宜和远离噪声的地方。距离铁路、公路和大型公共场所 500 米以上。定地蜂场周围 3 000 米内要求有丰富的蜜粉源，并有良好的水源。要避开有毒蜜粉源植物。蜂场应选在污染较严重的化工区、矿区、农药厂（库）、垃圾处理场及经常喷施农药的果园和菜地的上风头，直线距离 3 000 米以上处。蜂场应距离糖厂和生产含糖量高的食品工厂 3 000 米以上。蜂场正前方要避开路灯、诱虫灯等强光源照射。要保持蜂场清洁卫生，在蜜蜂传染病发病期间，及时清理蜂尸和杂物，并将杂物深埋或焚烧，然后在蜂场地面撒生石灰消毒。

2. 蜂箱摆放

蜂箱要摆放在阴凉、通风、干燥、视野开阔的地方，但不要放在密林的深处，可以摆放在树林的第二到第三排树之间，蜂箱要用支架支撑离地面 40 厘米（图 15－1、图 15－2）。

图 15－1　蜂箱摆放一（罗岳雄摄）

图 15－2　蜂箱的摆放二（罗岳雄摄）

3. 引蜂入箱

可把收捕回来的蜂群抖入蜂箱中，盖上盖子，当晚要喂以 2∶1（2 千克白糖加 1 千克水煮成）的糖浆。也可用手捧过箱的办法，在原地把巢脾切下来横绑在支撑条上，然后把蜜蜂倒进去。

4. 喂糖浆

可放一只碗在蜂箱底，碗里要放多根干树枝，以防蜜蜂取食后被淹死。于晚上提起蜂箱，倒入糖浆，注意用量以当晚蜜蜂能取食完为度。也可把糖浆装进冰箱保鲜袋内，扎好袋口，于晚上放进蜂箱底部即可。

5. 检查蜂群

主要以箱外观察为主。如果蜜蜂出入频繁，飞回时腹胀，说明外界蜜源植物开花好；如果带花粉回巢的工蜂很多，说明蜂群繁殖好；如果外界蜜源植物开花很好，而蜂群出勤很少，且有不少工蜂在巢门口，说明蜂群很快就要分蜂。

需要开箱检查时，可以用手扶住蜂箱从前向后倾斜（千万不要左右倾斜），观察巢脾的底部，特别是王台的情况。

6. 喂花粉

蛋白质是蜜蜂赖以生存、繁殖的营养物质。当外界缺乏粉源植物开花时，蜂群没有花粉，有可能停止繁殖，蜂群中花粉供应不足时，蜜蜂发育不良、抗逆性下降、多病、采集力差。因此，外界缺乏粉源植物开花时，要对蜂群适当补充饲喂花粉。

花粉可以购买现成经消毒的蜂花粉，用水喷湿2小时后，加入少量糖浆，做成软膏状，放在碟中，然后放到蜂箱底部，让蜜蜂取食。也可把花粉磨成末，放在碟中直接让蜜蜂采集。

7. 收蜜

当外界有主要蜜源植物开花时就可以收蜜，收蜜时，打开上盖，如很难打开，可用长水果刀切割。盖子打开后，用一只手抓托蜜脾，用长水果刀切割，注意不要切过支撑条，保留支撑条上有 2 厘米巢脾，同时要注意保留粉脾，也要尽量保持适量的蜜。割下的蜜要用干净的容器盛放。割完蜜后，把蜂箱倒置，注意巢门方向要与原来保持一致。

8. 转场

用此方法蜜蜂可以小转地到 5 千米以外，但不要超过 100 千米，且运输过程中车速不要太快，同时尽量保持车身平稳。

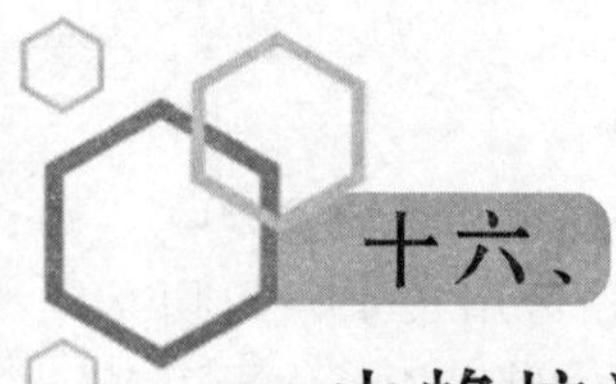

十六、中蜂抗逆增产饲养技术

养蜂生产能不能获得好的经济效益，与蜜蜂的抗逆性有很大的关系。

蜜蜂的抗逆性，是指蜜蜂对不良环境的适应能力，如对自然条件（温度、湿度、蜜源）和病敌害等的适应性和抗性等。中蜂是广东省目前饲养的主要蜂种，在广东饲养的中蜂普遍存在群势弱、生产性能差、中蜂囊状幼虫病危害严重等问题，这些都与蜜蜂抗逆性有关。

当前，国家加强了对食品安全的管理力度，对兽药的使用更加严格控制，对养蜂来说，几乎所有的化学药品都不能使用，只要一经使用，就能从蜂产品中检出，该蜂产品就要被销毁。因此，对蜂病应改防治为防控，即预防与控制，这要通过提高蜜蜂的抗逆性来实现。因此，创造有利于蜜蜂的条件，提高蜜蜂的抗逆性，可减少各种不利因素对蜂群的影响，从而达到强群、高产的目的。提高蜜蜂的抗逆性，是提高养蜂经济效益的一项重要措施。

（一）当前中蜂生产存在的问题及原因

1. 存在的问题

（1）种性退化群势小 这是目前困扰中蜂生产的一个严重问题，很多蜂群的群势一般只能维持在3～4脾，甚至只有2脾蜂就产生分蜂；有的蜂群群势不强，但出现连续分蜂现象，结果造成群势下降。这与20世纪70年代以前的群势情况差异很大。

（2）易感染中蜂囊状幼虫病 中蜂囊状幼虫病发生流行时，无一蜂场可以幸免，严重时，蜂群群势严重削弱并产生飞逃等现象，全场蜂群损失达70％以上。

（3）生产力下降 中蜂只有达到强群才有好的生产力，由于群势下降，加上中蜂囊状幼虫病所造成的损失，导致中蜂生产性能下降、经济效益差等。

2. 造成问题的原因

（1）营养条件改变 蜜蜂要保证正常生长发育，就要有充分的营养条件。蜜蜂所需的营养，是从外界采集获得的食物（主要为花蜜和花粉）。近30多年来，随着山区经济的开发，自然生态受到严重破坏，蜜蜂赖以生存的蜜源植物锐减，造成蜜蜂食物不足。蜜蜂为了适应不断改变的自然环境，采用小群体、多点分布的方式，以扩大采食范围，

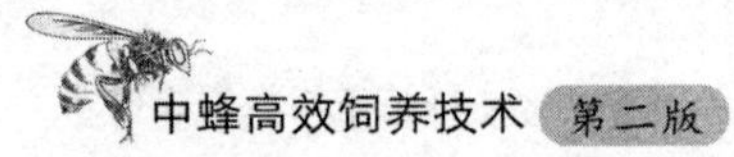

从而保证群体的生存和繁衍，因此造成其分蜂性强、群势下降。

近年来，天气变化也不断影响蜜源植物的正常开花、分泌花粉和花蜜。如冬季干旱，植物的雄花开花不泌粉或少泌粉，造成蜜蜂营养不足，除影响蜜蜂正常生长和繁殖外，也影响蜜蜂的抗逆性（包括对中蜂囊状幼虫病的抵抗力）。

不良的生产方式也会影响蜜蜂的生产性能，很多地方存在着不注重蜜蜂营养的掠夺性生产方式，严重破坏了蜜蜂的营养源。如有的养蜂者在蜂蜜生产季节，为了产量，见蜜就收，收“水蜜”现象普遍，使蜂巢中没有成熟的富含营养的蜂蜜供给蜜蜂（尤其是内勤蜂）食用，使这些年幼的工蜂营养不良，体质虚弱，抵抗力下降；有些养蜂者在收蜜时如遇天气不佳，还会把蜂巢中的存蜜通通摇出来，取而代之的是只含碳水化合物却不含蛋白质等营养物质的蔗糖水。这样做留给蜜蜂的是一些仅能果腹的“粗粮”，蜜蜂食用后也会发生营养不良，抵抗力下降。在初春的冰冻低温天气中，保留充足原蜜饲养蜂群的，基本可以安全度过这个时期；饲料不足或利用糖浆饲养的，蜜蜂死亡率高。

（2）种王选择不当 俗话说，好种好收成。好的蜂王，对蜂群的生产性能影响很大。蜜蜂用现代活框饲养后，可以人为选择蜂王，但很多养蜂者未掌握育王的原理，结果造成蜂群的各种生产性能下降。

有部分养蜂者采用自然王台育王，但蜂王选择不当。有的养蜂者能掌握人工育王的基本操作，但不注意蜂王的选择。主要表现在很多人选择自然王台时，一般选择先出现王台蜂群的王台作为种王，没考虑群势和抗病力。由于先出现王台的蜂群多为分蜂性强的蜂群，时间一长分蜂性就会逐渐加强，群势就会下降。采用人工育王的，由于平时没有做好蜂场生产记录，在育王时也不能选择群势强、抗病力强的蜂群作为种群，同样，时间一长也会产生群势和抗病力下降的现象。

（3）管理措施不当 目前所使用的中蜂活框饲养技术，不一定完全适合中蜂的生物学特性；一些采用传统方法饲养的蜂群和野外生存的蜂群，与采用活框饲养的蜂群比较，多数群势强大，也较少发病。这说明所采用的中蜂过箱饲养技术与中蜂生物学特性有不相适应的地方，主要表现在对蜜蜂的过度干扰、蜂箱保温性能差等方面，影响了中蜂的正常生活秩序。

（4）中蜂囊状幼虫病的影响 中蜂囊状幼虫病的发生，对蜜蜂来说是一场浩劫，会造成大量蜜蜂死亡。在生物界，一场瘟疫发生后，该物种往往会加快繁殖，对蜜蜂来说，也会采用快速增加群体数量的办法，以保持自身不至于被灭亡，因此其分蜂性也就会被加强。

（二）中蜂抗逆增产技术措施及管理要点

要提高中蜂的生产性能，就要解决上述问题，创造利于中蜂生物学要求的环境，以提高蜜蜂的抗逆性。

1. 正确选育生产群

要做好蜂场的记录，根据养蜂日志，选择群势大、抗病力强、工蜂性情温驯的蜂群作为育王的种群（人工育王的供虫群）。注意去除群势差的蜂群中的雄蜂。

人工育王要采用复式移虫，哺育群要有大量的哺育蜂（青年工蜂），一个哺育群不要放太多王台，以15～20个为宜。

2. 勤换蜂王

在蜂群中，蜂王利用其分泌的“蜂王激素”来控制蜂群，工蜂在足够的“蜂王激素”控制下，安分守己，不敢闹分蜂。每只蜂王所分泌的激素量是有一定限制的，当蜂群中工蜂数量多时，每只工蜂得到的“蜂王激素”的量就相对减少，这时工蜂就会意识到需要分蜂，进而闹分蜂，产生分蜂热。优质的蜂王其分泌的“蜂王激素”较多，所以能维持较大的群势；年轻的新蜂王由于其生理机能旺盛，分泌的“蜂王激素”也较多；而且，新王产卵力强。因此，勤换王能加快蜂群繁殖，维持较大的群势，在有条件的地方一般每年要换王2次以上。

3. 注重蜜蜂营养

蜜蜂的营养影响其正常生长、发育和繁殖，也影响蜜蜂的免疫力，从而影响蜜蜂对病害的抵抗力和病害发生的严重程度。因此，在蜜蜂饲养管理上，要充分注意蜜蜂的营养问题。

蜜蜂正常生长发育需要碳水化合物、脂肪（主要是一些不饱和脂肪酸）、蛋白质等，此外也需要矿物质元素和维生素类物质。营养不良时，会影响蜜蜂免疫系统的发育和功能，降低其抵抗疾病的能力，最终发生疾病。一些营养物质可直接影响蜜蜂淋巴系统和免疫细胞的功能，有些营养物质则会改变免疫活性细胞的代谢从而间接影响蜜蜂的免疫功能。因此，合理的营养可视为一种间接的防疫手段。

蜜蜂获得营养的主要来源是采集植物的花蜜和花粉。由于中蜂能利用零星蜜粉源植物，所以很多养蜂者认为无须对中蜂补充花粉。但近年来由于蜜源植物数量减少和天气干旱，影响了蜜源植物泌蜜和排粉，对蜜蜂的营养保障造成了一定的影响，因此应适当人为补充营养。

(1) 补充花粉的作用　花粉是蜜蜂所需蛋白质营养的来源。蜂群只有足够的花粉才能正常生长发育，蜜蜂的体质才有保证，也才能提高抗逆性。

工蜂只有食用适量的花粉，才能正常分泌蜂王浆，供蜂王和蜜蜂低龄幼虫食用。蜂王只有食用蜂王浆才能正常产卵繁殖，蜜蜂低龄幼虫只有食用充足的蜂王浆，才能正常存活和生长。工蜂的大龄幼虫只有食用以花粉为主的“蜂粮”，才能正常生长和发育，因此适当对蜂群补充花粉是保证蜂群正常生存、繁殖的需要。

(2) 花粉的饲喂方法

① 花粉的选择：由于中蜂不太喜欢花粉代用品（酵母片或脱脂大豆粉），因此最好用蜂花粉。蜂花粉应该干燥、不发霉、无虫蛀和蜂尸，最好购买经消毒的油菜花粉或茶花粉，不要单纯使用脱脂大豆粉。

② 花粉的消毒：最好用^{60}钴消毒。一般专业公司所出售的蜂花粉就是用此方法处理的。在蜂场，也可把花粉摊成薄层，用75%酒精喷雾，加一层花粉喷雾一次，最后把花粉放在薄膜袋里焖3小时，再把花粉摊开晾干，让酒精蒸发。有的养蜂者把花粉用水喷湿后放在锅里蒸，同样可以达到消毒的目的，但蛋白质会受到一定程度的破坏。

③ 花粉的处理和饲喂：把花粉磨成末，或用少量干净的水浸湿（注意不要过量用水，以花粉吸水后能散开为度），然后加进少量蜂蜜，搓匀，以手捏能成团，放开时能慢慢摊开，但没有流动性为宜，就好像糍粑，盖上塑料薄膜发酵24小时以上。于晚上将花粉摊放在蜂群的上框梁上（图16-1），注意一次不要放太多，以一两天内蜜蜂能取食完为宜，否则会发霉。可连续喂3～5次，直到巢脾贮粉区上的蜂粮形成有3～4个房眼高度的花粉圈。也可以把花粉磨末后洒在巢脾的贮花区上，再喷上蜂蜜，但在处理过程中容易干扰蜂群和引起盗蜂。

(3) 保持蜂群有成熟的蜂蜜为饲料 蜂群要保

图 16-1 补充饲喂花粉和蛋白质饲料
（广东蜂业协会提供）

持正常的生长，在营养上除了要有足够的蜂花粉外，还要保持有足够的饲料蜜。因此，收蜜时不要采取见蜜就收的掠夺性收蜜方式，而要留给蜂群一定量的蜂蜜作为饲料。有的养蜂者在收蜜时把蜂蜜全部摇出来，然后用糖浆去喂蜂，这是不宜提倡的行为。糖浆的主要成分是碳水化合物，缺乏蛋白质，其营养价值是不能跟蜂蜜相比的。

4. 保持蜜蜂巢温稳定

蜜蜂繁殖时，其育子区温度须稳定保持在 34.5 ℃，在饲养管理上要做好稳定温度的措施。

(1) 蜂场场地选择 一般蜂场要选在冬暖夏凉、通风干爽的地方，地面不要有积水。夏季要注意蜂箱不能被太阳直晒，要做好遮阴和降温，但也不要将蜂箱摆在树林深处，以免影响其通风。冬季要将蜂箱摆在坐北朝南和向阳的地方，同时要做好蜂群的保温。

(2)蜂箱保温　高温季节要对蜂群适当遮阴；低温季节要对蜂群适当保温。

(3)选择合适的蜂箱　自从中蜂采用现代活框饲养以来，中蜂的群势逐渐下降，生产性能也随之下降。其原因可以说是多方面的，但蜂箱不适合中蜂的生物学特性是主要方面，具体表现在蜂箱空间太小、保温性能差。从现在采用的蜂箱可看出，利用传统木筒饲养的蜂群，群势仍能保持较强；使用的蜂箱越简陋、容积越小，蜂群群势也越小。因此，对于只是一块木板紧贴着巢框的箱盖是不宜采用的。蜂箱要保温性好，所用的板材要厚，巢框最好是高度高一点、空间大一点。

(4)采用双群同箱饲养　双群同箱饲养技术（见“十四、中蜂双群同箱饲养技术”）就是在一个蜂箱中同时养两群蜂，中间用隔板分开，上面盖一张薄膜，可以使两群蜂互借巢温，使蜂箱中的温度相对稳定。因此，这种饲养方法最适于冬春季节蜜蜂繁殖期使用。开始时，两群蜂可以紧挨中间隔板，当群势都较大时，可以移到两边。到了大流蜜期，可以组织其中群势较强的为生产群，群势较弱的继续组织双王群作为繁殖群使用。

5. 勤换巢脾

巢脾是蜜蜂生儿育女的地方，蜜蜂每一次从幼虫到化蛹、羽化为成蜂，都要在巢房中脱下一层茧衣，随着育子次数增多，巢房逐渐变小，所育出来的工蜂个体也随之变小，生产性能变差。此外，巢脾也是很多病原藏身的地方，时间长了，病菌会在巢脾上繁殖，引起蜜蜂发病。危害中蜂的大蜡螟，也喜欢以有蜜蜂带有茧衣的旧巢脾为食，没有旧巢脾则会发育不良。因此，勤换巢脾对提高蜜蜂的生产性能、防病和防巢虫均有好处。一般每年需要换巢脾 2～3 次甚至 3 次以上。

换下来的旧巢脾要及时化蜡，滤渣和滤液要进行深埋处理。

6. 科学管理蜂群

（1）不随意引种 国家对畜禽的引种是有严格的规范和程序要求的，引种要注意所引进的蜂种对当地自然条件的适应能力，以及蜂种的抗病能力。同时应注意引种地蜜蜂病害的发生情况，不要在疫区引进蜂种，尽管引种时蜜蜂没有表现病的症状，但也有可能带有病原。

（2）不过度干扰蜜蜂 中蜂喜安静怕干扰，喜阴暗怕强光，怕温度变化大，因此要注意不要过多干扰蜜蜂，尽量少开蜂箱，以箱外观察为主。

（3）加脾要科学 加脾要选择适合的时间，加脾太早，蜜蜂不造脾；加脾太迟会促使蜜蜂产生分蜂热。加脾是有一定内外条件要求的，如果条件不具备，强行加脾会适得其反，蜜蜂不但不造脾，而且还会影响蜜蜂对蜂巢温度的调节。一些初学养蜂者，为了扩大蜂群，往往在蜂群无加脾条件时也要加脾，这对蜂群不但无益而且有害，很容易引起病害的发生，应加以注意。

7. 培养适龄采集蜂

青壮年工蜂是蜂群中的劳动力，青壮年工蜂出现的高峰期与大流蜜期相遇（“两期相遇”）是夺取高产的必要条件之一。一般外界每一种蜜源植物的开花期是比较固定的，因此可以通过人工补充饲喂花粉的方法来控制蜂群中青壮年工蜂出现的高峰期与蜜源植物流蜜高峰期相遇。

中蜂的工蜂从卵变为成蜂需 20 天，从出房到成为采集蜂约需 15 天，即从卵到采集蜂需要 35 天左右。因此，在大流蜜期 35 天前，要对蜂群通过补充饲料（包括糖浆和花粉）来促进蜂王产卵，这样就可保证“两期相遇”。在培育采集蜂时需要提前培育哺育蜂，工蜂从蜂王产卵到成为哺育蜂约需 30 天，因此在培育采集蜂时，要再提前 30 天对蜂群奖励饲喂，30 天后就有足够的哺育蜂用于培育采集蜂，全过程需要 65 天。

以上措施，对提高中蜂的抗逆性、减少蜜蜂病害发生、维持强群、提高蜜蜂的生产性能有明显效果。

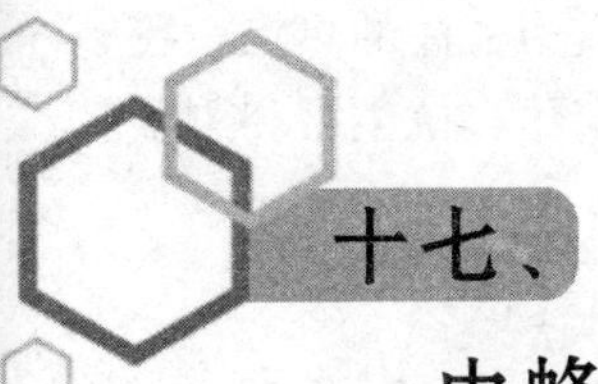

十七、中蜂产品安全与标准化生产技术

（一）蜂产品安全的重要性

随着社会的进步和生活水平的提高，食品的安全性问题越来越受到各国政府的重视和消费者的高度关注。农业部从 2002 年开始，在全国范围内全面推进“无公害食品行动计划”，力争用较短时间基本实现食用农产品无公害生产，保障消费安全，质量安全达到发达国家或地区的中等水平。

1. 食品卫生和食品安全

食品安全与食品卫生是有所区别的。食品安全是指消费者在食用食品时，食品中不应含有可能损害或威胁到人体健康的有毒、有害物质或因素，从而导致消费者发生急性或慢性毒害或产生疾病，或产生危及消费者及其后代健康的隐患。食品卫生是为确保食品的安全性和适合性，在食物链的所有阶段必须采取的一切条件和措施。蜂产品作为一种天然的保健食品，由于越来越多的人在食用，其安全性问题受到社会各界的重视并成为关注的热点。我国蜂产品的安全性问题主要是农药、抗生素和重金属等有害物质的残留。

2. 国家对蜂产品安全的有关规定

对于蜂产品安全性问题，2002 年开始，欧盟等就对从我国进口的蜂蜜采取了严厉的检验措施，如对氯霉素的检出下限为 10 微克/千克，也就是 10 万吨蜂蜜中只要有 1 克氯霉素就超标，并以此为依据停止从我国进口蜂蜜。我国对食品的安全性问题也十分重视，对蜂产品也是如此，除了有《中华人民共和国食品安全法》外，还有一系列的法律法规。

(1) 有关法律 《畜牧法》中的第四十八条规定，养蜂生产者在生产过程中，不得使用危害蜂产品质量安全的药品和容器，确保蜂产品质量。养蜂器具应当符合国家技术规范的强制性要求。

(2) 有关蜂药的规定 中华人民共和国国务院令第 404 号《兽药管理条例》，专门对蜂产品制定了一系列标准和准则，如《食品安全国家标准 蜂蜜》(GB 14963—2011)、农业部公告第 193 号和第 235 号以及《蜂用兽药治理方案》（农办医〔2009〕19 号），这些规定中明确除消毒外，西药被禁止用于蜜蜂病害的防治。

(3) 有关国家标准 《国家食品安全标准 蜂蜜》（GB 14963—2011）于 2011 年 4 月 20 日发布，生产企业自 2011 年 10 月 20 日起执行。该标准修改了原来的蜂蜜卫生标准，上升为国家食品安全标准，成为强制标准，严重违反者会被刑事处罚。

3. 存在的问题

从 2002 年到现在，虽然国家有关部门出台了多个法规，各地也开展了对养蜂员的培训和宣传，但问题仍然存在。

历次有关部门对市场流通的原材料和产品进行抽样检查，其中抗生素（主要为氯霉素）残留检出率仍较高；嗜渗酵母普遍超标，细菌总数超标时有发生。

4. 从源头规范养蜂场生产活动

对于我国蜂产品安全存在的问题，产生的原因是多方面的，除法律、法规和管理体系不健全，检测手段滞后等因素外，养蜂场作为产品生产的第一环节，是产生产品质量安全问题的主要原因。主要表现在生产环境、生产用具、蜜蜂病敌害防治以及蜂蜜浓度等方面。解决蜂产品安全问题的关键，主要在于生产的源头，只有确保养蜂场进行规范化和标准化生产，才能确保产品的安全性。因此，应对养蜂者进行蜂产品质量安全生产技术培训，以提高养蜂者的产品安全意识，让每个养蜂者都清楚地知道养蜂生产需要一个良好的生产环境；要使用无污染的生产工具；要科学地防治蜜蜂病敌害，不乱用和滥用药物；要按照国际惯例和市场要求，在生产过程中建立生产记录，以达到质量安全可追溯。

因此，从根本上规范养蜂场的生产活动，严格实行标准化生产，才能使蜂产品符合食品的安全要求。

（二）蜂蜜安全生产的要求

中华蜜蜂生产的产品单一，只有蜂蜜一种，而且中蜂的病敌害少，只有中蜂囊状幼虫病、欧洲幼虫腐臭病和大蜡螟，因此其产品安全控制相对比较简单，但也应高度重视。

1. 生产场地

用于蜂蜜生产的蜂群，摆放场地要远离化工厂和有废物和废气排出的工厂和矿山，要远离经常施用农药的农作物。蜂场要设于干燥、地下没有积水的地方，周围要有干净的水源供蜜蜂采水，蜂箱要用支架支撑离开地面。

2. 蜂群

用于蜂蜜生产的蜂群要求群势强大、无病敌害。中蜂要求 4 脾蜂以上，且蜂脾相称或蜂多于脾；在蜜源植物大流蜜期间，要有大量的青壮年工蜂用于采集花蜜。

在距蜜源植物开花前一个半月，可进行必要的病敌害防治；在蜜源植物开花期一个半月内和开花期间，严禁对生产群用任何药物进行病敌害的防治，如必须进行病敌害防治的，该蜂群不能作为生产群使用。对蜂群进行病敌害防治的药物，一定要严格执行国家有关规定允许使用的药物（包括杀螨剂、抗生素和消毒剂等）和用量，对刚施用农药（包括杀虫剂和杀菌剂）的农作物或在农药残效期内的农作物，不能放蜂和收取蜂蜜。

3. 蜂病防治

蜜蜂病害的发生会严重影响养蜂生产，轻则使蜜蜂群势削弱、生产力下降，重则蜂群死亡或飞逃，甚至引致全场蜜蜂毁灭。

由于蜂病的防治是造成蜂蜜抗生素残留的最主要原因，所以能否做好蜂病的防治是保证蜂产品安全的关键。我国有关规定中明确指出：要重点整治、查处违法生产、经营、使用禁用蜂药和假劣药的行为。要规范蜜蜂养殖、蜂产品生产行为。要求养蜂场（户）必须建立生产日志制度，内容包括放蜂地点、蜜源植物种类；蜂药使用品种、用法、用量、疗程；蜂箱、蜂具清洁、消毒记录等，并要求日志要专人负责，记录完整，建档保存。要求养蜂场（户）应当在专业技术人员指导下科学、合理用药，不得使用违禁药物，流蜜和产浆期间不用药，因治疗必须用药时，应将其产品加贴标识并隔离。今后，所有的蜂产品都要实行“质量溯源管理”，因此每个养蜂者都要掌握蜜蜂病敌害的科学防治方法，要做到既能治好蜂病，又不会污染蜂蜜。

在防治蜂病时一定严格注意以下禁止事项，以防止产生药物污染：

（1）把抗生素当“灵丹妙药”。

（2）盲目用药。

（3）用药过量。

（4）用药对蜂群防病。

（5）使用禁用药。

（6）生产期用药。

有关蜂病防治见“十一、中蜂病敌害的防治”中的相关内容。

4. 巢础和用具

中蜂在饲养过程中完全不使用氯霉素，但在其产生的蜂蜜中却发现氯霉素，经过调查，是因为在巢础生产过程中使用了被氯霉素污染的西方蜜蜂的蜂蜡为原料。因此，选购蜂蜡时，最好选用以中蜂蜡为原料、单一生产中蜂巢础的厂家生产的巢础。

对用于收取蜂蜜的用具（包括巢框、割刀、蜂刷、蜜脾周转箱、摇蜜机、滤蜜器、盆等）和蜂蜜包装容器等，在使用前要用清水反复清洗，必要时要进行消毒。

对用具的消毒，可用0.5%的过氧乙酸或购买适用于食品包装的消毒剂，并严格按说明书要求使用。

巢框上的铁丝最好要采用不锈钢丝。

使用无污染的塑料或不锈钢摇蜜机，严禁使用铁皮或锌片摇蜜机。

装蜂蜜的包装桶要用符合食品卫生要求的塑料

桶或蜂蜜专用桶，严禁使用内涂料脱落的铁桶和其他不允许使用的包装桶，现在国内普遍使用的能装75千克蜂蜜的塑料桶比较符合要求。

5. 蜂蜜的采收

在《食品安全国家标准 蜂蜜》（GB 14963—2011）中，对嗜渗酵母数量有严格的要求，每克不能超过200个，嗜渗酵母超标的主要原因是生产的蜂蜜浓度太低，因此要提倡收成熟蜜，严禁收“水蜜”。在大流蜜期要适当打开蜂箱盖的通风窗，加大水分的排出。收蜂蜜时要求在巢脾贮蜜区基本封盖后才进行。此外，在收蜜前15天内严禁对蜂群进行任何饲喂。

收取蜂蜜要在上午进行，尽可能避开蜜蜂采集高峰期。从蜂箱中取出蜜脾后，要放进周转箱中，不能放在地下。分离后的蜂蜜要用40目的过滤器过滤，然后才能装进容器中。

6. 蜂蜜的贮运

（1）贮存 蜂蜜的贮存可用符合食品卫生要求的不锈钢罐、塑料桶，也可用陶瓷缸、陶瓷罐等。各种容器在使用前要充分清洗干净，不同品种、不同浓度的蜂蜜要分开存放。每个容器只能装80%，要留有一定的空间。容器要加盖子，但盖子要适当松动，以便蜂蜜产生的气体能及时排出。

容器外要贴标签，内容包括品种名称、浓度、净重、生产日期、产地、生产者姓名、培训证书编号等，以用于对质量的跟踪。

贮存蜂蜜的仓库要清洁、干燥，不能同时堆放有毒、有污染的物品；要保持阴凉、通风透气。

要定期对贮存的蜂蜜进行检查，对出现的问题要及时处理。

(2) 运输 用于运输蜂蜜的车辆要冲洗干净，严禁用运输过有毒及有污染的物质、未经彻底消毒的车辆运输蜂蜜，也不能与有毒、有污染的物品混载。运输前包装容器要紧盖、堆放要牢固整齐。

7. 建立生产记录

养成对蜂群建立生产记录的习惯，每次对蜂群进行检查时都要进行记录，对蜂病用药防治时也要详尽记录，以实现质量安全可追溯。

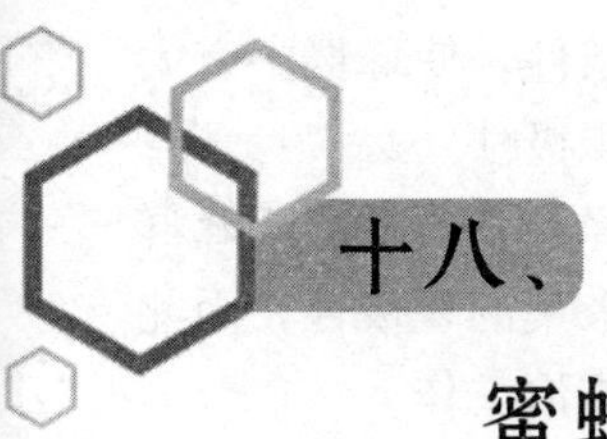

十八、蜜蜂授粉技术

在第一章中已阐述了蜜蜂授粉的意义，本章主要介绍蜜蜂授粉的方法及授粉蜂群的管理技术。

（一）影响蜜蜂授粉的因素

蜜蜂在为农作物授粉时受到蜂群内外诸多因素的影响，主要包括以下四个因素。

1. 蜂群内部因素

（1）群势　在一定范围内，蜜蜂的群势越强，青壮年工蜂越多，采集蜂就越多，授粉效果就越好。但如果蜜蜂的群势太强，则容易产生分蜂热，工蜂采集的积极性反而下降。因此，蜂群的群势要适当，对中蜂来说以2～3脾蜂为宜。

（2）采集蜂　青壮年工蜂是蜂群中各种采集工作的承担者，因此用于授粉的蜂群要有大量的采集蜂，才能提高授粉效率。

（3）育子状况　有育子要求的蜂群采集性较强。因此，对要进行授粉的蜂群，应提前2个月换王，利用新王产卵力强的有利条件，使蜂群中有大量的幼子，以提高工蜂的采集积极性。

(4) 病敌害 有病敌害的蜂群，既不利于蜂群繁殖壮大，又不利于提高工蜂采集的积极性，因此一定要做好授粉蜂群的病敌害防治工作。

2. 气候条件

气候条件一方面影响蜜蜂的活动，另一方面也影响植物的开花，因此气候条件的好坏是影响蜜蜂授粉能力能否充分发挥的关键。影响蜜蜂授粉的气候条件主要有温度、降雨和风力等。

(1) 温度 如果外界温度低于 7 ℃时，蜜蜂的采集活动就会停止；气温高于 13 ℃时，蜜蜂采集较活跃；气温在 22～30 ℃时，最适于蜜蜂的采集活动。温度太低也影响植物开花及花粉管的萌发，从而导致授精不能完成。

(2) 降雨 雨天尤其是阴雨天，蜜蜂出勤减少或停止；降雨也影响植物开花和阻碍雄蕊吐粉，或将花柱上的花粉和花蜜冲掉，从而影响蜜蜂的采集和授粉。

(3) 风力 风大影响蜜蜂的飞行；如果高温且风大，可使植物花朵的柱头过于干燥，雄蕊吐粉也会停止，从而影响授粉。

为了把气候条件的不利影响降到最低程度，在进行授粉时要尽量多准备一些蜂群，以便在天气条件出现短暂良好时有足够数量的蜜蜂进行授粉，保证授粉成功。

3. 授粉时间

掌握在适当的时间进场授粉，对授粉能否成功的影响很大。有些果树雌雄异株或异花，有些雄花开一段时间后雌花才开。因此，应掌握适当的进场时间，确保蜜蜂在雌花开花前到达授粉地点。

4. 农药中毒

很多农作物如果施用农药不当，如在开花期施药或施用残效期长的农药距开花期的间隔时间不够，都会引起蜜蜂产生农药中毒，轻则削弱蜂群的群势，重则造成全场蜜蜂覆灭。因此，在对农作物进行授粉时，应高度重视防止农药中毒的发生。

（二）蜜蜂授粉的方法

在广东省，需用蜜蜂授粉的农作物很多，但主要为果树，如荔枝、龙眼、澳洲坚果和一些瓜类等。现针对这几种水果的授粉方法介绍如下，其他的作物可参考选用。

1. 进场前的调查

在蜂群进场前，要先进行授粉的有关调查，内容包括果树面积、株数、树龄、花芽分化状况、开花时间、农药施用情况（包括已施和花期需施药物的时间、次数以及农药的种类等），以便确定进场时间和所需蜂群数。同时还要了解摆蜂场地周围的环境和交通条件等。

2. 授粉蜂群数的确定

一个果园需要授粉蜜蜂的群数要科学地确定，蜜蜂太少，授粉量不足；蜜蜂太多，既造成浪费，又会使蜜蜂采食不足，影响蜜蜂的繁殖。

蜂群数的确定，主要依据蜜蜂的群势、摆蜂场地与授粉地点的距离、需要授粉的作物面积、种植密度、树龄、开花数量、花期长短和长势等。根据有关经验，如果中蜂的群势在 4 脾以上且蜂脾相称，则蜂场摆于果园边，果树之间的树冠相接（即地不露白），每公顷荔枝、龙眼摆 30 群蜂以上，澳洲坚果摆 20 群蜂以上，瓜类摆 5 群蜂以上。如果摆蜂场地离授粉地点太远或果树分布太分散，应适当增加蜂群数。

3. 蜂群的管理

(1) 蜂群的摆放 蜂群距离授粉地点越近，蜜蜂每天采集的次数就越多，授粉的效率就越高，且蜜蜂每次采集消耗的食物就越少，因此蜂群要尽量靠近授粉地点摆放。果树的树冠如果已相接，为保证蜜蜂有良好的飞行线路，可把蜜蜂摆在果园边。如果需授粉的作物较分散、面积较大，或作物种植地段呈现长条状，可把蜂场分成若干个地点摆放，但不要把蜂场单一平均分散摆放，这样既不利于授粉，又不利于蜂群的管理。

(2) 蜂群的管理要点 蜜蜂到达授粉地后，当天要用适量稀糖浆进行奖励饲喂。如果是为主要蜜源植物授粉，应适时进行取蜜，以刺激蜜蜂的采集积极性。要适时加脾，防止产生分蜂热。更要注意预防农药中毒。

(3) 蜜蜂授粉的训练 有些作物开花时，蜜蜂不太喜欢采集，为了对这些作物授粉，可对蜜蜂进行训练，使蜜蜂到这些植物的花上采集，且通过训练，还可提高蜜蜂对某种作物或植物的采集专一性（可采得较单一的蜂蜜）。方法是从初花期到开花末期，每天都用花朵浸泡过的糖浆饲喂蜜蜂，使蜜蜂误以为在野外发现了丰富的蜜源，从而建立起蜜蜂采集这种植物的条件反射。

花香糖浆的制法：以1∶1的浓度煮好白糖浆，冷却到20～30℃时，倒入装有花朵的容器里，密封半天后饲喂蜂群，每群蜂每次喂100～150克。第一次饲喂最好在晚上进行，第二天早上蜜蜂出巢前再喂一次。以后每天早上喂一次。

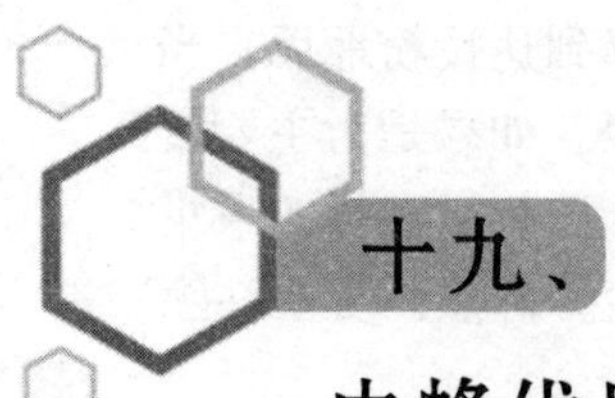

十九、中蜂优质蜂蜜生产技术

中蜂由于群势相对西方蜜蜂较弱，酿蜜能力较差，因此生产的蜂蜜浓度较低，尤其是在华南地区高温高湿气候条件下生产蜂蜜（如夏季生产的山乌桕蜜）时，封盖的蜂蜜含水量有时高达27%以上，在巢脾上出现发酵现象。因此收获后，蜂蜜在贮存过程很快发酵变质，出现酸味和酒味，有时还出现涨瓶现象，会影响消费者以后的购买欲望，从而影响蜂蜜的销售。

生产高浓度的优质蜂蜜是市场的要求，同时是养蜂提质增效的措施，也是养蜂业的出路之一。

（一）优质蜂蜜的概念

近年来，养蜂业在大力推广成熟蜜生产，其目的是为了提高蜂蜜的浓度。在推广的过程中，应该解决如下问题：①概念；②产品标准；③生产技术及规范；④产品鉴定方法；⑤市场推广；⑥价格和效益。

在《食品安全国家标准 蜂蜜》中，蜂蜜的定义是：蜜蜂采集植物的花蜜、分泌物或蜜露，与自身分泌物混合后，经充分酿造而成的天然甜物质。这与国际上有关蜂蜜标准的定义也是相一致的，只有经充分酿造才是优质蜂蜜的准确概念。

蜜蜂酿蜜分两个阶段，第一个阶段在蜂蜜封盖前，蜜蜂分泌的酶把花蜜中的多糖分解为单糖（果糖和葡萄糖）、在蜜蜂扇风和温度共同作用下让花蜜中的水分蒸发，这是化学和物理共同作用的过程。第二个阶段在封盖后，刚封盖时，蜂蜜中的水分在蜜蜂扇风和蜂巢温度共同作用下，可以继续蒸发，直到蜂蜜中的含水量与蜂巢中的相对湿度达到平衡时，蜜蜂把封盖加厚，减少蜂蜜吸水，这是物理过程。只有完成这两个阶段，蜂巢中的蜂蜜在适当条件下，浓度达到了最高，此时就属于充分酿造，所生产的蜂蜜就是优质的高浓度蜜。优质蜂蜜是无法简单用含水量来作为衡量标准的，因为经蜜蜂充分酿造的蜂蜜，其浓度与蜂种、群势、蜜源和环境的温湿度等内外条件存在一种动态的关系。

蜂蜜是糖的过饱和溶液，水分含量低的蜂蜜暴露在空气中时，会吸收空气中的水分，这个特性叫作蜂蜜的吸湿性。一种物质从空气中吸取水分的能力，一般是以该种物质的含水量和空气的相对湿度达到平衡来表示。蜂蜜具有吸湿性，在空气潮湿时，蜂蜜能吸收空气中的水分，吸收的能力随蜂蜜的浓度、空气湿度的增加而增加，干燥时蜂蜜会蒸发水分，且蒸发量随蜂蜜浓度、空气湿度的变化而变化。

当蜂蜜含水量为 17.4%、空气相对湿度为

58%时，蜂蜜蒸发和吸收的水分基本相等，达到一种动态平衡。如果把这种蜂蜜暴露在相对湿度高于58%的空气中，它会吸收空气中的水分；相反，暴露在相对湿度低于58%的空气中，它的水分就会散失到空气中，直到与周围空气的相对湿度取得平衡为止。

由上可见，巢脾上的蜂蜜浓度受到湿度的影响很大，不可能以单一浓度指标和封盖后的时间定性为"成熟蜜"。

影响蜂巢中湿度的主要因素包括蜜源植物种类、温度、湿度和蜂群的群势等。中蜂要生产充分酿造的高浓度优质蜂蜜，就要考虑这些影响因素。

（二）中蜂优质蜂蜜生产技术

中蜂生产高浓度蜂蜜需要一定的条件，重点在于对湿度的控制。湿度影响蜜源植物分泌的花蜜含水量，从而影响蜂群中的湿度。虽然蜜蜂可以通过扇风来调整蜂群中的湿度，但会造成蜜蜂工作量增加，进而降低蜜蜂的体质，影响蜜蜂的采集力。

1. 蜂场场地

蜂场场地应选择通风干燥的地方，不宜在茂密的树丛中或地面有积水的地方放蜂，以避免周围环境湿度对蜂群的影响。

2. 蜜源植物

由于蜂蜜充分酿造蜂蜜需要较长时间，因此对于流蜜期短的蜜源植物，蜜蜂采集的花蜜在巢内要达到充分酿造有一定困难。这是因为蜂蜜还没达到最高浓度，流蜜期已结束，如不取出蜂蜜则只能作为蜜蜂的饲料。

3. 群势

群势强的蜂群，其采集能力和酿蜜能力也强。中蜂在大流蜜期的生产季节，应保持 3 脾以上群势，且要至少达到蜂脾相称。同时要提前培育适龄采集蜂。对于流蜜期长的蜜源植物，为保持群势在采集过程中不下降，在粉源不足时要适当补充蛋白质饲料，这样既可促进蜂群繁殖，又可提高蜜蜂的采集积极性。

4. 蜂箱

蜂箱应有利于保温和排湿，蜂箱前后和箱盖两侧要有可关闭的气窗，在大流蜜期时可以适当打开气窗促进水分的排出。如果箱盖没有气窗，可用小树枝抬高箱盖，露出一条小缝。

摆放蜂箱时，要保持前低后高并相差 1～2 厘米，以方便蜂箱底部的水分顺着巢门流出。箱底要用支撑支起并离地面 35 厘米以上，具体以养蜂者持脾时不需要弯腰为度。

对群势能保持 4 脾以上的地区，可进行浅继箱多箱体饲养。浅继箱的巢框内径高度以 9 厘米为宜。

在我国西南地区，采用窄式的多层小继箱生产充分酿造的蜂蜜，也可取得很好的效果。

5. 管理

要生产充分酿造的蜂蜜，在蜂群管理上应重点防止分蜂热。由于蜂蜜贮存在巢脾上的时间长，很容易造成蜜压子现象，所以在管理上要及时加脾。同时当蜂蜜封盖时，可以适当加大蜂路。

当大流蜜期开始、主箱蜂群繁殖到有 4 脾足蜂时，可把浅继箱内加巢础的巢框放在蜂群中让蜜蜂造脾，视蜂群情况，每次可放 1～2 张巢础框。当巢脾造好后，抽出并放在浅继箱中，然后把浅继箱放在主箱上，上下脾对齐，可以撤去主箱的隔板，这样蜜蜂就会很快在浅继箱的空脾上蜜。

6. 收蜜

收蜜前，要通过看蜂群、看蜜源、看天气、看贮蜜情况来判断蜜脾上的贮蜜是否已经充分酿造。

在天气良好的情况下，蜜脾已接近整面封盖，早封盖的已超过一周时间。此时在蜜脾的贮蜜区中部划一个 4 厘米×4 厘米的区域，并用记号笔做标记，每两天在该区域中取 1～2 个巢房的蜂蜜，用手持糖度计测定其浓度，当连续两次测得的蜂蜜浓度没有改变，就可以抽出蜜脾取蜜。子脾的贮蜜区不取蜜，可以调到边脾上，蜂子出房后作为蜜脾，把取了蜂蜜的蜜脾调到中间作为子脾，这样，既可以解决蜜压子的矛盾，又可以减少分蜂热的产生。

为了保证所收获的蜂蜜基本上都是经蜜蜂充分酿造的蜂蜜，收蜜时应采用两个摇蜜机分两次摇蜜。第一次摇蜜时抽出的蜜脾不要割去封盖，放在第一个摇蜜机上先摇去未封盖的蜂蜜，再割去封盖，进行第二次摇蜜，所收获的基本为较充分酿造的蜂蜜。

刚收的蜂蜜有一定的温度，利于过滤，因此要立即过滤。过滤时可以用 30 目左右的滤网，不要太密。因蜂蜜浓度较高，存放不当容易因吸收水分而降低浓度，所以过滤后的蜂蜜最好马上装瓶并封盖。

对于浅继箱，蜜脾封盖后不要急于取出，等蜜蜂充分酿造（一般要 15 天左右）后再取出作为巢蜜，也可用摇蜜机取蜜。

（三）中蜂多层小继箱在生产高浓度蜜中的应用

1. 应用背景

中蜂多层小继箱主要是针对传统养蜂技术以及提供符合市场需求的高浓度蜂蜜而设计的。按照最新的统计，我国现有蜂群接近 1 000 万群，其中中蜂有约 500 万群，但是大多数还是采用传统的养殖模式，生产效率低下，蜂蜜数量及质量都不高。而新的养蜂技术可以大大提高生产效率，提高蜂蜜的产量和质量，从而增加养蜂者的收入。

以前推广的中蜂活框饲养技术的配套技术和蜂具（蜂箱），基本上是在引进的西方蜜蜂的养殖技术上稍加改变，并不是完全按照中蜂的生物学特性来进行养蜂设备的配套及技术集成。虽然从意蜂活框蜂箱改进的中蜂标准活框蜂箱与传统的木桶相比更便于管理，但由于中蜂群势较小，在实际生产中，中蜂标准活框蜂箱的空间利用率较低，繁殖区和生产区不能分开，导致流蜜期取蜜对蜂群的干扰大。中蜂标准活框蜂箱的巢框与中蜂的群势大小并不匹配，尤其是对弱小蜂群来说，巢框太大导致无法形成球形结构，不利于蜂群繁殖发展。而且以中蜂的群势，很难实现满板子脾，只能是蜜、粉、子混合脾，也很难添加继箱生产高浓度蜂蜜。

中蜂多层小继箱生产高浓度蜜技术，是通过对中蜂生物学特性的研究以及对大量传统蜂群的数据分析，设计出的带有浅继箱和隔王板的多层活框蜂箱及精细化的饲养管理技术。合适的中蜂蜂箱和精细化管理对于控制蜂群病敌害的发生流行、维持蜂群群势、提高蜂蜜产量和品质都有至关重要的作用，尤其适应在西南和西北地区，蜜源植物大流蜜期不明显但流蜜时间长的山区使用。现将中蜂多层小继箱的规格介绍如下，供参考。

巢箱：内围长 360 毫米、宽 220 毫米、高 290

毫米。巢框内围长 310 毫米、高 270 毫米。

浅继箱：内围长 360 毫米、宽 220 毫米、高 135 毫米。浅继箱巢框外围长 330 毫米、高 125 毫米。

2. 中蜂多层小继箱的特点

（1）由于采用了多箱体加隔王板的设计，使得繁殖区与生产区分开，既保证了取蜜时繁殖区蜂群的结构不被破坏，对子脾温度影响小，仍然很好地保持了幼虫发育所需要的条件，又不会因为蜜子混合导致蜜蜂幼虫受到机械性损伤。

分区饲养也可保证生产的蜂蜜纯净。通过隔王板把繁殖的巢箱同生产蜂蜜的浅继箱分开，保证了生产的蜂蜜不会掺有蜜蜂幼虫和花粉颗粒，提高了蜂蜜的品质，同时也提高了蜂蜜的感官效果。

浅继箱的应用有利于成熟蜜的生产。中蜂由于群势相对较小，生产能力较西方蜜蜂弱，生产满脾封盖成熟蜜的时间周期长，所以已经贮存好的蜂蜜如遇天气变化则容易被蜂群消耗掉，而浅继箱相对贮蜜面积小，有利于获得满脾封盖成熟蜜。

（2）巢箱的结构符合中蜂生物学特性。中蜂蜂巢内的整体结构近似于球形，有利于保持温湿度，可以提供蜜蜂幼虫发育的稳定环境。此外，隔王板加浅继箱的结构符合蜜蜂向上贮蜜的生物学特性。

较小的巢箱利于工蜂护脾，从而减少了病敌害的发生。

中蜂多层小继箱（图 19－1）的结构有利于

春繁。其较小的空间和近式于球形的结构可以给蜂王提供更好的产卵条件，从而让蜂群更快进入春繁。

图 19-1 中蜂多层小继箱（匡海鸥提供）

3. 中蜂多层小继箱的管理要点

中蜂多层小继箱与传统蜂箱相比，在蜂群的饲养管理上有所差异。

春繁时，新老工蜂交替完成时压一代子，使之达到蜂多于脾。待第二代子出房时，加 1 张巢础。

达到 5 脾时，加 2 张继箱用小巢础，造到 60％后取出，继续加 2 张继箱用小巢础，还是造到 60％后取出，再加 1 张正常巢础。

大流蜜期开始前 5～7 天上小继箱，一次加入 7 张巢脾，如果不够可以在 2 张正常的巢脾之间加入巢础。

大流蜜期时间超过 25 天以上的蜜源，可以上 2 个以上继箱，第 1 个继箱加在巢箱与第 1 个继箱之间，依此类推，每加一个小继箱都是加在巢箱与上一个继箱之间，待整个蜜源结束之后一次性取蜜。

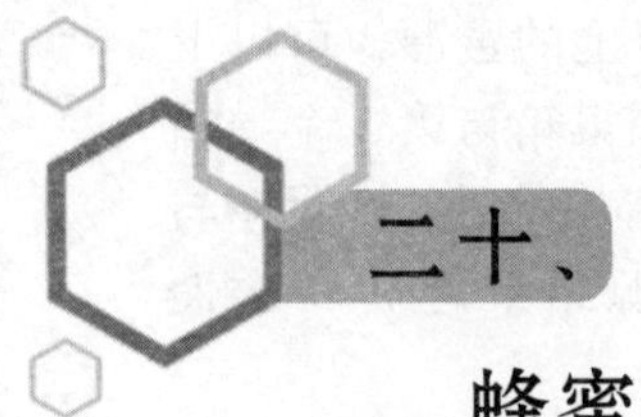

二十、蜂蜜市场与销售

（一）我国蜂蜜市场现状

目前，我国养蜂业由于蜜蜂有尝授粉未得到普遍实施，所以养蜂者的收入主要靠收获蜂产品。蜂蜜作为最大宗的蜂产品，同时也是唯一的蜂产品，其销售情况与养蜂业尤其是中蜂饲养息息相关。

山区蜜源植物丰富，有利于山区农户利用本地蜜源植物资源发展养蜂。而中蜂对山区适应性强，因此各地纷纷加大力度扶持中蜂饲养，使中蜂饲养规模发展迅速，蜂蜜产量急增。全国蜂群数量从2010年的约980万群上升到2021年的约1 200万群，增加了22.4%，其中增加的蜂群主要是中蜂，中蜂饲养数量占50%以上。全国蜂蜜产量从2010年的约38.19万吨上升到2021年的约47.27万吨，增加了23.8%。

蜂蜜出口是我国蜂蜜的主要销售途径，20世纪出口的蜂蜜数量占我国蜂蜜产量的50%以上。而2021年我国出口蜂产品15.06万吨，其中蜂蜜14.58万吨，但当时我国的蜂蜜产量约为47.27万吨。2021 年我国进口蜂蜜 4 809.6 吨，同比 2020 年进口量增长 12.14%，且进口蜂蜜的价格是出口蜂蜜价格的 12.27 倍。

（二）养蜂面临的困境

蜂农现在关心的不是养蜂生产技术问题，而是市场问题。

(1) 国产蜂蜜价格低、销售难，养蜂者叫苦不迭 2023 年蜂蜜的价格创造了近年来的新低，洋槐蜜西北地区收购价低至 8 500～9 500 元/吨，南方山乌桕蜜的收购价低至 6 元/千克，但仍有大量的蜂蜜积压，这种情况是 10 多年来都没有过的。由于卖蜜难，蜂蜜多年积压，已使蜂农的养蜂积极严重受挫。

(2) 结构性过剩更加突出 市场是由供求关系决定的，现在蜂蜜供应大而需求少，形成了结构性过剩。同时在新冠疫情的影响下，整个国民经济发展受挫，出现了消费降级的情况，而蜂蜜作为非必需品，很容易被其他消费品替代。而对于高收入人群，更倾向于购买进口产品，更加不利于国产蜂蜜的销售。

(3) 市场负面炒作，加剧了蜂蜜销售难的困境 当前，一些误导消费者的言论通过网络大肆传播，如经加工的蜂蜜活性物质会被破坏，属于“假蜂蜜”，能产生气泡才是真蜂蜜（其实是蜂蜜中嗜渗酵母的发酵所致，是不合格的产品）；吃蜂蜜导致糖尿病；蜂蜜吃多了会痛风；蜂蜜就是糖而已等不科学的宣传。这些负面炒作使消费者对蜂产品的不信任度增加，降低了消费者对蜂蜜的消费欲望。

(4) 假劣产品泛滥，市场监管缺位 超市内的超低价“蜂蜜”充斥货架，电商平台的低价“蜂蜜”几乎成为主流，最低的蜂蜜价格甚至达到每瓶（500 克）5.1 元。这些超低价的“蜂蜜”品质有待检测，需要加强市场监管。但随着消费力降低，这类产品可能会长期存在。

(5) 国外蜂蜜已蚕食国内市场 我国的蜂蜜进口数量、进口价格和进口额在 2021 年均创历史新高。2021 年我国蜂蜜的进口额突破 1 亿美元，出口额是 2.6 亿美元，进口额已经达到了历史高位。

(6) 蜂产品销售难制约养蜂业发展 我国养蜂业仍是以家庭养殖为主体，对市场变化的应对能力脆弱。加上丰收年有蜜无价，歉收年有价无蜜，使很多养蜂从业人员看不到前景，丧失养蜂信心，有的缩小饲养规模，有的只能转行，导致全国蜂群数呈现逐渐下降的趋势。

（三）探索创新，应对危机

面对如此恶劣的市场环境，养蜂者不能墨守成规，要改变传统的饲养观念和经营模式，以便取得更好的经济效益。

(1) 适当控制饲养规模 蜂场规模要与自身产

品销售能力相适应，以免造成产品积压。平时应适当控制蜂群数量，以保原生产群数为主，少繁育新的蜂群。大流蜜期前对蜂群采取管理措施，适当培育采集蜂投入流蜜期采蜜。同时应适当控制转地放蜂，以减少开支。

（2）减产提质 只要有条件就应减少收蜜次数，以生产高浓度蜂蜜为主。蜂蜜封盖后在蜂箱中保留一段时间，尽量让蜜蜂酿造充分，这样既有利于保存蜂蜜，又有利于提高产品质量，使消费者较容易接受，以促进蜂蜜销售和提高经济效益。

对蜜质较差、消费者好感度低的蜜种（如山乌桕蜜），应不收或少收，留作蜜蜂饲料。

高温季节采集和含水量偏高的蜂蜜，可委托加工厂先加工后贮存，以防蜂蜜发酵变质。

（3）培育新的消费市场 蜂蜜产品的结构性过剩就是在倒逼蜂产品行业进行结构性调整，以满足多种消费场景的需求为目的，而不是进行价格竞争。

创造新消费场景的一种途径，是把蜂蜜消费引入其他行业，如增加蜂蜜产品在食品行业、饮品行业和制药行业上的应用等。

（4）做好蜂产品的科学宣传 通过科学宣传来抵制伪科学的炒作，以重建消费者的信心。养蜂行业的科普宣传需要大家共同努力，对恶意和伪科学炒作敢于发声和抵制。通过大力宣传蜂产品的基本知识，引导消费者对蜂产品的科学认识和正确应用，以提高消费者的信心和使用效果。

养蜂者也要深入学习掌握蜂产品的基本知识，才能对消费者进行科普宣传，加强与消费者的沟通。

（四）探索创新销售模式

国内蜂产品（蜂蜜）的销售主要有如下几种模式。

（1）传统的自产自销模式 广东省生产的蜂蜜有60%以上是以自产自销为主进行销售的，这与广东经济较为发达，且很多家庭习惯把蜂蜜作为清热解毒的食品甚至药品而购买有关。

优点：价格高，可打造专属品牌；有利于培养消费群体，可持续性强，方法简单，成本低。

缺点：客源有限，以老顾客为主；产品售出周期长，高产年会造成产品积压；很多蜂场找不到销售门路。

（2）中间商和需蜜企业收购 中间商就是常说的“蜜贩子”，他们从蜂农手中收购蜂蜜，转手卖给蜂产品加工企业或制药厂、饮料厂等需要用蜂蜜做原料的企业。需蜜企业收购就是企业直接与蜂农对接，进行收购。

中间商和需蜜企业收购，解决了我国50%以上的蜂蜜销路，尤其是饲养规模较大的养蜂场，更需要依靠中间商和需蜜企业来收购蜂蜜。

优点：蜂农生产的蜂蜜销售快，高产年可保证蜂蜜的销量。

缺点：收购价格低，需蜜企业收购一般不超过零售价的50%，如中间商收购价格会更低；存在压价和拖欠货款的现象。

（3）实体店销售 是传统的销售模式之一。主体是蜂产品加工企业，但也包含养蜂者自己开的零售店，也包括超市。

优点：能与消费者直接沟通，可用适当方式向消费者推介产品；经营场所固定，可信度高；销售价格相对较高。

缺点：经营成本高，如经营场地租金、人工薪酬、保险费、水电费用等；不适于习惯网上购物的中青年人群；受到线上销售的冲击，营利的可能性较低；超市上架的蜂蜜质量良莠不齐，上架费用也较高。

（4）电商平台销售 如通过淘宝、拼多多、天猫、京东等平台销售，为近十几年来的主要线上销售模式。

优点：适应消费潮流，人气旺，顾客多元化；电商平台购物已成为当前消费者购物的主要方式。

缺点：线上销售需要证照齐全，一般养蜂者无法做到；平台需要收取一定服务费用；由于短视频平台突起，部分流量已从电商平台转移。

（5）短视频平台销售 如抖音、快手、微视频等。

这种由养蜂者或网红带货，进行视频直播销售的形式越来越普遍，也取得了较好的效果，是目前的主流模式。

优点：人气旺，规模庞大；有利于蜂场、企业

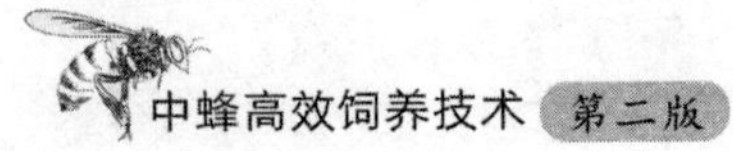

和产品的展示宣传，可以吸引粉丝和打动消费者，提升购买欲望；投入少，门槛低，很多表达能力较好的养蜂者自己就可以带货。

缺点：要掌握微视频的制作和推广，需具备一定的专业知识，同时需要一定的表达能力和应变能力，这对年纪较大的蜂农有困难；真假蜜、优劣蜜不易分辨。

(6) 旅游营销 是近些年兴起的蜂产品销售模式，以景点或养蜂场为主体，与旅行社合作，加入蜂产品营销。这种模式是在国家乡村振兴和建设美丽乡村政策的支持下，将蜂产业的养蜂生产、企业加工和销售融为一体的体现。

优点：随着社会经济的发展，旅游业长兴不衰；人气旺，购买力较强，只要加强宣传，销量比较可观。

缺点：打造景点的投入较高，销售蜂产品本身的获利有限；需要同时具备导游和销售经验的高素质人员。

以上是蜂产品销售的一些方式，可根据不同需求，选择适合自己实际情况的方式，趋利避害，进行蜂产品销售。

（五）品牌建设

在打造蜂产品品牌之前，首先应提高从业人员的素质。蜂产品销售人员（包括养蜂员）应学习掌握蜂产品知识，如产品来源、成分、功能、应用、使用方法、保存方法、注意事项等，这样在销售蜂产品时才可以向消费者进行详细介绍，指导消费者科学使用及保存蜂产品等；同时应了解市场中的不良炒作内容，尚于解答消费者的疑虑；还要善于介绍本蜂场的特点等。

只有从业人员具备一定的素质后，才能更好地打造品牌，具体应做到：

（1）好名称 要想产品好销售，必须有个好名称。养蜂场最好要有营业执照、养蜂证、职业技能证、产品检验报告等。

养蜂场可以采用养殖场形式进行企业工商注册，以提高产品的可信度。最好注册商标，对打造品牌更加有帮助。

养蜂场或企业的名称要有特色、顺口、易记忆，给消费者较深的印象。同时有好的名字和商标，可以更显规范和档次。

（2）好形象 产品包装要有特色，忌走极端，如土蜂蜜的包装不是越简单越好，而是要有特色和产品文化内涵。如果是养蜂场直销的蜂产品，可采用食用农产品（也叫初级农产品）标识；如果是企业的蜂产品，则一定要按国家有关要求进行标识。

（3）好环境 创造一个良好的营商环境，让顾客有宾至如归的感觉，这样销售就成功了第一步。

养蜂场的直销有两种场景。一种是养蜂场本身，要交通方便，周边环境应较优美，最好能靠近旅游景点，注意场地干净，不要有杂物、垃圾等；蜂箱摆放应整齐有序，且蜂箱一定要用支架支撑离开地面；人员生活场地内外也一定要整齐有序，要有待客的设施。另一种是家庭蜂场（图 20-1），要求养蜂用具整洁，产品摆放整齐有序；人员衣着干净、大方。

图 20-1　整洁的家庭蜂场（罗岳雄摄）

（4）好产品　蜂产品各项指标要符合国家相关标准。蜂蜜浓度要高，收的蜜一定是封盖后一周以上，第一次摇的蜜最好不用于装瓶。蜂产品应无农药和抗生素等残留，最好有国家法定部门的质量检验报告。只有优质的产品和良好的服务，才能使消费者使用后给予好评，增加回头客，提高口碑，保证有固定的消费群体。

（5）好服务　要做好产品质量服务和售后服务。做好消费指导，允许不满意退款，做出假一赔十的承诺。

（6）好员工　要做好服务，就要有较高素质的员工。员工要善于学习，表达能力较强，热情待客，对顾客要做到百问不厌。

同时要求员工应学会了解顾客需求，推荐相应产品。对购买量多的顾客可以赠送小礼品（如蜂胶牙膏、蜂蜡口红、蜜蜂工艺品等）。尽量获得顾客联系方法，以便出现问题后协助解决。

（7）善于讲故事 讲好故事有利于增加与消费者的沟通。故事内容包括蜜蜂的起源、蜜蜂的家族和家庭、蜂国奥秘、蜂场和蜜源植物，甚至个人生活等。也可以讲养蜂的趣闻，食用蜂产品产生的显著效果等例子。

（8）守道德 从业者不应互相攻击，诋毁他人；不传播未经公开、未经证实的行业状况；不进行伪科学的炒作，不传播似是而非的信息。

（9）有计划 为了不造成蜂蜜积压，蜂场要根据往年销售情况做好计划。歉收年蜂蜜全部自销，适当购进；平收年基本自销；丰收年可自销、批发，及早将部分蜂蜜卖给中间商。

（10）充分利用各种平台 要充分利用各种平台进行推广，提升知名度和信誉，如示范蜂场、有关部门授名的基地和个人证书等，有合作社支撑也能提高诚信度。

（六）家庭农（蜂）场建设

1. 家庭农场的重要性

家庭农场已成为乡村振兴、美丽乡村建设的内容之一。家庭农场建设可以把产前（养殖）、产中（产品加工）、产后（产品销售）和旅游整合在一起，利于产品的销售和提质增效。

以养蜂为主要项目的家庭农场，可以采用大的养蜂场或合作社为主体的形式。除养蜂外，也可结合其他种植项目如水果、蔬菜、花卉等，甚至还可以加入民宿。同时也可将家庭农场打造成一个蜜蜂文化和科普园地，让消费者从蜜蜂文化中了解蜜蜂知识，提高对蜂产品的消费欲望，真正把蜜蜂养殖融入旅游业中。

由于中蜂可以定地饲养，因此其在家庭农场建设中可以扮演一个重要的角色。

随着社会经济的发展和变化，外出旅游的群体增多，且多以短途游为多，因此家庭农场的发展潜力很大。

2. 养蜂家庭农场建设要点

（1）场地选择 蜂场周边应环境优美、交通方便，但不要太靠近人群聚居地和交通要道，最好能建在与旅游地点相邻或有旅游车经过的地方。蜂场地面应没有积水，附近不存在污染源，周边蜜源植物较为丰富（图 20－2）。

（2）蜂箱摆放 蜂场内先规划人行道（尽量宽一些）。蜂箱巢门不要对着通道，可依地势成行排列。最好用彩色蜂箱，底部用支撑架。

（3）基本设施 蜂场要有收蜜间、体验厅及足够的停车和休息场所，同时有化粪池、男女分开的卫生间等。

（4）蜜蜂元素和科普 蜂场内要有蜜蜂元素，如建筑外观设计（图 20－3）、场景（图 20－4）、

图 20-2　家庭蜂场（罗岳雄摄）

科普长廊（图 20-5）、实物、图片等可以参考国外的家庭养蜂农庄（图 20-6）。

图 20-3　蜜蜂元素建筑物（罗岳雄摄）

（5）家庭“蜜蜂节”　可以在收蜂蜜时举办家庭“割蜜节”，邀请来参观的消费者参加，免费提供蜂蜜及赠送小礼物。

图 20-4　蜜蜂元素场景

（6）蜂群代养　建设智慧蜂场、全程可视化，为消费者提供领养蜂群的服务，由养蜂场代养，收获的蜂蜜由领养者所得，而且收蜜蜂时可邀请领养者一起参加。

图 20-5　蜂场的科普长廊（罗岳雄摄）

图 20-6　印度尼西亚的家庭养蜂农庄

（七）智慧养蜂在养蜂业中的作用及应用

1. 智慧养蜂的概念

智慧养蜂又称 AI 养蜂，是一种利用现代科技手段，如云大数据和物联网（IoT）、人工智能（AI）等技术，对蜜蜂的繁殖、采蜜等行为进行智能化管理的方法。

目前我国养蜂业普遍存在生产规模小、劳动量大、边际成本高、从业人员老龄化程度高、蜂箱内环境调节全部依靠蜜蜂自身、取蜜时间全部依靠经验、蜂蜜质量不稳定等问题。21 世纪是知识经济的时代，同时也是个人化、电子化和信息化的时代，更是大数据时代。在现代高速发展的数字化时代里，利用大数据收集、整理、分析蜂场环境及蜂群内的信息变化，经过模型运算得出管理方案，然后通过相应的设备进行处理，既可以提高生产效率，还能吸引年轻人加入养蜂行业。

2. 智慧养蜂的作用

云大数据在养蜂业中的应用主要体现在养蜂管理的优化和效率提升上。通过大数据分析和人工智能技术，养蜂管理者可以实时获取蜂群数据，如温度、湿度、食物储量等，从而对蜂群状态有全面的了解。这些数据可以被分析和整合，帮助管理者更准确地判断蜂群是否健康，是否需要应对某些问题。例如，通过分析蜂群温度的变化可以预测病敌害的发生，从而提前采取相应的防治措施。此外，大数据分析和人工智能技术还能够利用智能模型来预测蜂群的产卵周期和采蜜时间。传统的养蜂管理策略通常是根据经验和感觉来确定蜂蜜的收获时间和蜂群的状况，然而通过大数据分析和人工智能技术，可以根据多元化的数据，如气象数据、蜂群行为数据和蜜源数据等，构建模型来预测最佳的采蜜时间。

数字化蜂场和智慧蜂箱的应用则是将数字化技术引入蜜蜂养殖，通过视频监控等手段实时监控蜜蜂的生长状况，及时应对意外事件及灾害的发生，有效降低人力成本，提高养殖效率。数据蜂场还可以利用大数据和云计算技术，对蜂群数据进行深度挖掘和分析，为养蜂管理者提供更加精准和全面的决策支持。

由于我国对智慧养蜂的研究应用较晚，还不够完善，目前仅局限于对蜂群内部温湿度、贮蜜等情况变化的监测，尚未能对蜂群出现的问题进行有效的干预，如根据蜜蜂生物学特性进行自动控温、控湿的调节等，且目前对智能蜂箱的投入较高，所以在这些问题未解决之前，养蜂者应用积极性不高。

3. 智慧养蜂的应用

(1) 智能蜂箱 智能蜂箱不仅具备传统蜂箱的功能，还集成了智能自控、AI 识别、边缘计算、数据分析的能力。通过配套的蜜蜂大数据平台和蜂场其他智能装备，智能蜂箱可以提供异常快速识别、动态监测、异常报警、精细管控、应急调度等功能。

(2) 智慧养蜂车 智慧养蜂车配备了全方位的监控设备，可以实时监控蜂车的动向。此外，车内环境和车外气象也能够被监控，确保蜜蜂的生活环境适宜。智慧养蜂车还安装了太阳能板，用于保障车内持续供电。

(3) 无人机应用 可以购置无人机，对蜂场附近的蜜源分布、蜜源场地周边环境等进行侦察和拍摄，以便更好地了解蜜蜂的生态环境和采蜜条件。

(4) 在产品销售中的应用 在产品销售上可以吸引消费者的好奇心，让消费者了解蜜蜂王国的奥秘，也是销售产品的好帮手。

蜜蜂认养，是随着社会经济发展，消费者的产品质量安全意识不断提高，以及乡村旅游的兴起，而逐渐形成的新的消费模式。结合智慧蜂箱的优势，可以通过可视化数据实现生产过程溯源，并实现蜂箱一对一定点实时监控。这种认养体验可以增加消费者对蜂产品的信任与认同，形成独特的蜂蜜品牌传播模式。

(八) 蜂蜜产品的深加工

蜂蜜产品（又称蜂蜜制品）的加工，就是以蜂蜜和其他农产品为原材料，进行深加工。做好蜂蜜食用农产品的初加工和蜂蜜的深加工，延伸产业链，可以大大提高蜂蜜的附加值，解决蜂蜜尤其是低端蜂蜜的出路。

蜂蜜可加工成水果蜜饯、果味蜂蜜茶、果味蜂蜜水、蜂蜜葡萄酒、水果蜂蜜酒等。可尝试生产样品，赠送给消费者品尝，或向消费者介绍制作方法，让消费者自己动手制作，以增加蜂蜜的消费体验。

由于有些蜂蜜产品的生产需要具备相关资质，所以可委托有资质的企业代加工。

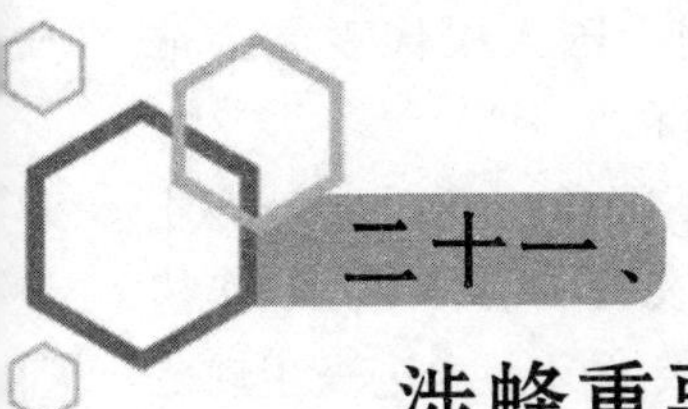

二十一、涉蜂重要法律法规及其应用解读

在养蜂生产过程中，需要转地追花，因此牵涉很多问题，如场地纠纷、运输、检疫、蜜蜂中毒、人身安全等；在蜜蜂饲养过程中涉及产品质量、种质资源等问题。

很多养蜂者因没有掌握相关法律法规，造成了很多不必要的麻烦和损失。因此，学习相关法律，了解相关规定，不仅可以避免养蜂者触犯相关法规，还可以使养蜂者利用法律武器维护自己的权益。

（一）涉蜂的重要法规

(1)《中华人民共和国畜牧法》 简称《畜牧法》。该法规是国家为了规范畜牧业生产经营行为，保障畜禽产品质量安全，保护和合理利用畜禽遗传资源，维护畜牧业生产经营者的合法权益，促进畜牧业持续健康发展而制定。由全国人民代表大会常务委员会第十九次会议于2005年12月29日通过。

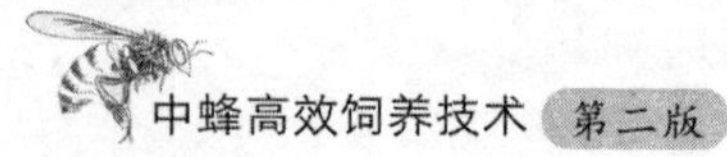

2022年10月30日第十三届全国人民代表大会常务委员会第三十七次会议修订。

(2)《养蜂管理办法（试行)》 养蜂业是农业的重要组成部分，对于促进农民增收、提高农作物产量和维护生态平衡具有重要意义。为进一步规范和支持养蜂行为，加强对养蜂业的管理，维护养蜂者合法权益，促进养蜂业持续健康发展，农业部组织制定了《养蜂管理办法（试行)》(农业部公告第1692号)，并于2011年12月13日颁布。

(3) 鲜活农产品运输绿色通道政策的规定 交通运输部于2009年发布了《关于进一步完善和落实鲜活农产品运输绿色通道政策的通知》(公路发〔2009〕784号)。

(二) 涉蜂重要法规在实践中的应用解读

1. 涉及养蜂业管理的法规解读

(1)《畜牧法》

第二条 蜂、蚕的资源保护利用和生产经营，适用本法有关规定。

第三十五条 蜂种、蚕种的资源保护、新品种选育、生产经营和推广，适用本法有关规定，具体管理办法由国务院农业农村主管部门制定。

(2)《养蜂管理办法（试行)》

第二条 在中华人民共和国境内从事养蜂活动，应当遵守本办法。

(3)《关于进一步完善和落实鲜活农产品运输

绿色通道政策的通知》 把蜜蜂转地列入了绿色通道目录。

解读： 长期以来，养蜂行业的管理立法严重滞后，特别是蜂农权益保护、蜂产品生产环节的污染控制、资源保护及新品种选育等环节，亟须建立相应的管理制度，因此畜牧法将蜂纳入调整范围中。同时本法也考虑到养蜂管理的特殊性，对蜂产品的污染控制、维护养蜂者的合法权益和为养蜂者提供必要的便利等方面做出了一些原则性规定。

2. 涉及养蜂业重要性的法规解读

(1)《畜牧法》

第四十八条 国家支持发展特种畜禽养殖。县级以上人民政府应当采取措施支持建立与特种畜禽养殖业发展相适应的养殖体系。

第四十九条 国家支持发展养蜂业，保护养蜂生产者的合法权益。

有关部门应当积极宣传和推广蜂授粉农艺措施。

(2)《养蜂管理办法（试行）》

第四条 各级养蜂主管部门应当采取措施，支持发展养蜂，推动养蜂业的规模化、机械化、标准化、集约化，推广普及蜜蜂授粉技术，发挥养蜂业在促进农业增产提质、保护生态和增加农民收入中的作用。

解读： 蜜蜂为特种畜禽，以上条款明确了养蜂业在国民经济中的重要地位，是国家鼓励发展并保护的产业，任何单位和个人不得阻碍养蜂业的发展，不得随意破坏蜂种资源和蜜源植物，应维护养蜂生产者的利益；不得违反国家财政规定进行乱收费、乱罚款，养蜂者的人身安全及其财产受国家保护。

蜜蜂为农、林、果、蔬等作物授粉，能够大幅度地提高农作物的产量和质量，其所产生的经济效益和生态效益更加可观，是蜂产品经济效益的百倍。蜜蜂授粉是解决和替代人工授粉的最佳天然手段，是我国养蜂业亟待发展和推广的一个重要产业。各有关部门应有计划地积极宣传和推广蜜蜂授粉，并大力提倡有偿蜜蜂授粉，促进种植业和养蜂业双赢。

3. 涉及养蜂主管部门的法规解读

(1)《畜牧法》

第五条 国务院农业农村主管部门负责全国畜牧业的监督管理工作。县级以上地方人民政府农业农村主管部门负责本行政区域内的畜牧业监督管理工作。

县级以上人民政府有关主管部门在各自的职责范围内，负责有关促进畜牧业发展的工作。

(2)《养蜂管理办法（试行）》

第三条 农业部负责全国养蜂管理工作。

县级以上地方人民政府养蜂主管部门负责本行政区域的养蜂管理工作。

解读：以前，有些地方部门在处理养蜂者据出的问题时互相推诿，给养蜂者带来很多不便，《畜牧法》和《养蜂管理办法（试行）》明确了养蜂管理部门为畜牧主管部门。在地方，养蜂的主管部门包括农业农村厅、农业农村局等。

养蜂者可以向县级以上的农业农村主管部门反映问题。各级养蜂主管部门有支持养蜂业发展的职责，对养蜂者反映的问题负有不可推卸的责任。

4. 涉及养蜂证领取和使用的法规解读

《养蜂管理办法（试行）》

第八条 养蜂者可以自愿向县级人民政府养蜂主管部门登记备案，免费领取《养蜂证》，凭《养蜂证》享受技术培训等服务。

《养蜂证》有效期三年，格式由农业农村部农统一制定。

解读：《养蜂证》是养蜂者的职业身份证明。养蜂者在办理与养蜂有关的业务（如参加技术培训、蜂场转地、检疫、办理保险等）时，出示《养蜂证》可以更加便利快捷。

《养蜂证》可以在户籍所在地的县级畜牧主管部门免费领取，有的地方主管部门可能要到现场核实，养蜂者应积极配合。领到《养蜂证》三年后，注意到发证部门换证。

5. 涉及行业协会和专业合作经济组织的法规解读

《养蜂管理办法（试行）》

第五条 养蜂者可以依法自愿成立行业协会和

专业合作经济组织，为成员提供信息、技术、营销、培训等服务，维护成员合法权益。

各级养蜂主管部门应当加强对养蜂业行业组织和专业合作经济组织的扶持、指导和服务，提高养蜂业组织化、产业化程度。

解读：养蜂者可以依法自愿成立行业协会和专业合作经济组织，得到各级养蜂主管部门的扶持、指导和服务。

6. 涉及蜜蜂保护区的法规解读

《畜牧法》

第十四条 国务院农业农村主管部门根据全国畜禽遗传资源保护和利用规划及国家级畜禽遗传资源保护名录，省、自治区、直辖市人民政府农业农村主管部门根据省级畜禽遗传资源保护名录，分别建立或者确定畜禽遗传资源保种场、保护区和基因库，承担畜禽遗传资源保护任务。

解读：由省级及以上人民政府农业农村主管部门建立的蜜蜂保护区和保种场，才有法律依据，市、县建立的蜜蜂保护区和保种场不具法律依据，不能阻止其他蜂场在附近放养蜜蜂。

7. 涉及蜜蜂品种选育与生产经营的法规解读

（1）蜂种名称 《畜牧法》：

第二十一条 培育的畜禽新品种、配套系和新发现的畜禽遗传资源在销售、推广前，应当通过国家畜禽遗传资源委员会审定或者鉴定，并由国务院农业农村主管部门公告……

畜禽新品种、配套系培育者的合法权益受法律保护。

第二十四条 从事种畜禽生产经营或者生产经营商品代仔畜、雏禽的单位、个人，应当取得种畜禽生产经营许可证。

申请取得种畜禽生产经营许可证，应当具备下列条件：

（一）生产经营的种畜禽是通过国家畜禽遗传资源委员会审定或者鉴定的品种、配套系，或者是经批准引进的境外品种、配套系；

（二）有与生产经营规模相适应的畜牧兽医技术人员；

（三）有与生产经营规模相适应的繁育设施设备；

（四）具备法律、行政法规和国务院农业农村主管部门规定的种畜禽防疫条件；

（五）有完善的质量管理和育种记录制度；

（六）法律、行政法规规定的其他条件。

第二十八条 农户饲养的种畜禽用于自繁自养和有少量剩余仔畜、雏禽出售的，农户饲养种公畜进行互助配种的，不需要办理种畜禽生产经营许可证。

解读：根据《畜牧法》的规定，蜂种、蚕种的资源保护、新品种选育、生产经营和推广，适用本法有关规定的精神。培育的新品种和新发现的遗传资源蜜蜂新品种和名称要经国家有关部门审定，在销售、推广前，应当通过国家畜禽遗传资源委员会审定或者鉴定，并由国务院农业农村主管部门公告，蜜蜂种的名称不是自己可以随意命名的。现在只有通过国家畜禽遗传资源委员会审定或鉴定的种名，才是合法的名称。

从事蜂种生产经营的单位、个人，应当取得种畜禽生产经营许可证，且生产经营的蜂种应是通过国家畜禽遗传资源委员会审定或者鉴定的品种、配套系，或者是经批准引进的境外品种、配套系。农户饲养的蜜蜂用于自繁自养有少量剩余出售的，可以不需要办理种畜禽生产经营许可证，但不能以育种场的名义出售。

(2) 种蜂销售条件

①《畜牧法》：

第二十九条 发布种畜禽广告的，广告主应当持有或者提供种畜禽生产经营许可证和营业执照。广告内容应当符合有关法律、行政法规的规定，并注明种畜禽品种、配套系的审定或者鉴定名称，对主要性状的描述应当符合该品种、配套系的标准。

第三十条 销售的种畜禽、家畜配种站（点）使用的种公畜，应当符合种用标准。销售种畜禽时，应当附具种畜禽场出具的种畜禽合格证明、动物卫生监督机构出具的检疫证明，销售的种畜还应当附具种畜禽场出具的家畜系谱……

第三十一条 销售种畜禽，不得有下列行为：

（一）以其他畜禽品种、配套系冒充所销售的种畜禽品种，配套系；

（二）以低代别种畜禽冒充高代别种畜禽；

（三）以不符合种用标准的畜禽冒充种畜禽；

（四）销售未经批准进口的种畜禽；

（五）销售未附具本法第三十条规定的种畜禽合格证明、检疫证明的种畜禽或者未附具家畜系谱的种畜；

（六）销售未经审定或者鉴定的种畜禽品种、配套系。

②《养蜂管理办法（试行）》：

第七条 种蜂生产经营单位和个人，应当依法取得《种畜禽生产经营许可证》。出售的种蜂应当附具检疫合格证明和种蜂合格证。

解读：发布蜂种广告的，广告主应当持有或者提供种畜禽生产经营许可证和营业执照。广告内容应当符合有关法律、行政法规的规定，并注明种畜禽品种、配套系的审定或者鉴定名称。

销售的蜂种应当符合种用标准。并附具育种场出具的合格证明、动物卫生监督机构出具的检疫证明，销售的是培育的种蜂还应当附具育种场出具的种蜂系谱。这些规定可以规范种蜂的销售经营。

8. 涉及转地放蜂的法规解读

(1) 养蜂场地 《养蜂管理办法（试行）》：

第十四条 主要蜜粉源地县级人民政府养蜂主管部门应当会同蜂业行业协会，每年发布蜜粉源分布、放蜂场地、载蜂量等动态信息，公布联系电话，协助转地放蜂者安排放蜂场地。

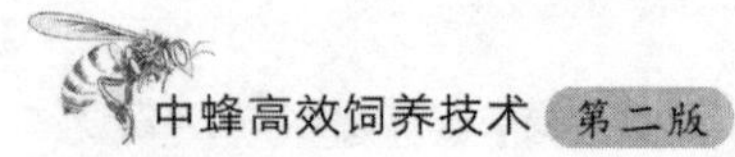

第十五条 养蜂者应当持《养蜂证》到蜜粉源地的养蜂主管部门或蜂业行业协会联系落实放蜂场地。

转地放蜂的蜂场原则上应当间距1 000米以上，并与居民区、道路等保持适当距离。

转地放蜂者应当服从场地安排，不得强行争占场地，并遵守当地习俗。

第十六条 转地放蜂者不得进入省级以上人民政府养蜂主管部门依法确立的蜜蜂遗传资源保护区、保种场及种蜂场的种蜂隔离交尾场等区域放蜂。

解读：主要蜜粉源地县级人民政府养蜂主管部门会同蜂业行业协会，协助转地放蜂者安排放蜂场地。这样的规定，有利于蜜源的合理利用，也使外来蜂场能找到放蜂场地。转地放蜂者应当服从场地安排，不得强行争占场地，并遵守当地习俗。对此，养蜂者的帐篷应保持整洁，并要妥善处理生活垃圾。

（2）蜜蜂场转运输 在关于进一步完善和落实鲜活农产品运输"绿色通道"政策的通知中，交通部发布了交公路发〔2009〕784号（简称通知），把蜜蜂转地列入了目录。

在通知一中规定：对《全国高效率鲜活农产品流通"绿色通道"建设实施方案》（交公路发〔2005〕20号）中确定的国家"五纵二横"鲜活农产品运输"绿色通道"，各地要坚决落实各项相关政策，免收整车合法装载运输鲜活农产品车辆的车辆通行费。

在通知三中规定：整车装载，是指享受"绿色通道”政策的车辆，装载鲜活农产品应占车辆核定载质量或车厢容积的80%以上，且没有与非鲜活农产品混装等行为。未达到上述装载标准，或与其他货物混装的运输车辆，不享受“绿色通道”。

解读： 装载鲜活农产品应占车辆核定载质量或车厢容积的80%以上，且没有与非鲜活农产品混装等行为。未达到上述装载标准，或与其他货物混装的运输车辆，不享受“绿色通道”政策。因此，在蜜蜂装车过程中要注意该条款并设法规避，装车的蜂群应达到车厢容积的80%，并且不与其他产品混装。

十几年来，蜜蜂转场被收费的事件时有发生，除了未达到规定的装载量和有太多的其他货物混载（主要是蜂蜜）外，还有超载问题。超载的原因是大车小标，就是车厢体积很大，但行驶证标明的吨位却很小，这样装满蜜蜂后就有可能超载。因此，养蜂者要根据自己蜂群的多少，合理租用运输车辆。

在转场过程中携带该文件，以便与收费员进行沟通，沟通未果时应保留收费票据，并拨打交通运输部门的投诉电话进一步协商。

运蜂要想顺利，除要执行“绿色通道”的条件外，还要严格执行国家有关的交通法规。

9. 涉及养蜂突发事件和蜜蜂中毒的法规解读

《养蜂管理办法（试行）》

第十二条 养蜂者到达蜜粉源植物种植区放蜂

时，应当告知周边 3 000 米以内的村级组织或管理单位。接到放蜂通知的组织和单位应当以适当方式及时公告。在放蜂区种植蜜粉源植物的单位和个人，应当避免在盛花期施用农药。确需施用农药的，应当选用对蜜蜂低毒的农药品种。

种植蜜粉源植物的单位和个人应当在施用农药 3 天前告知所在地及邻近 3 000 米以内的养蜂者，使用航空器喷施农药的单位和个人应当在作业 5 天前告知作业区及周边 5 000 米以内的养蜂者，防止对蜜蜂造成危害。

养蜂者接到农药施用作业通知后应当相互告知，及时采取安全防范措施。

第十七条 养蜂主管部门应当协助有关部门和司法机关，及时处理偷蜂、毒害蜂群等破坏养蜂案件、涉蜂运输事故以及有关纠纷，必要时可以应当事人请求或司法机关要求，组织进行蜜蜂损失技术鉴定，出具技术鉴定书。

解读：蜜蜂中毒一旦发生，造成的损失巨大，因此每个养蜂者都要高度重视，做好防范工作。

蜂群进场前要对场地进行充分调查，了解蜜源植物开花流蜜时间，以及此阶段周边是否有需要施用农药的植物开花，并根据情况做出决策，合理安排蜂群进场时间。

养蜂者到达蜜粉源植物种植区放蜂时，应当告知周边 3 000 米以内的村级组织或管理单位，请求帮忙通知周边村民，对植物使用农药时提前 3 天告知，以便及时采取措施，关闭巢门或搬离。

在放蜂时，发生偷蜂、毒害蜂群等破坏养蜂案件、涉蜂运输事故以及有关纠纷时，应及时报警和向政府主管部门报告。同时要对现场的证据进行妥善保存。

10. 涉及乱收费的法规解读

《养蜂管理办法（试行）》

第十八条 除国家明文规定的收费项目外，养蜂者有权拒绝任何形式的乱收费、乱罚款和乱摊派等行为，并向有关部门举报。

解读：遇到乱收费现象时，应要求对方出示证件、收费项目和政府的批文、正式发票或行政收据等，否则可以拒绝。被迫收费时，要保留证据（如录音、录像、收据等），并向有关部门举报。

11. 涉及蜂病防控的法规解读

《养蜂管理办法（试行）》

第十九条 蜂群自原驻地和最远蜜粉源地起运前，养蜂者应当提前3天向当地动物卫生监督机构申报检疫。经检疫合格的，方可起运。

第二十条 养蜂者发现蜂群患有列入检疫对象的蜂病时，应当依法向所在地兽医主管部门、动物卫生监督机构或者动物疫病预防控制机构报告，并就地隔离防治，避免疫情扩散。

未经治愈的蜂群，禁止转地、出售和生产蜂产品。

第二十一条 养蜂者应当按照国家相关规定，

正确使用兽药，严格控制使用剂量，执行休药期制度。

解读：蜂场出省转场时，应在原驻地提前3天向当地动物卫生监督机构申报检疫，经检疫合格的，方可起运。检疫合格证要随身携带，以备检查。检疫在有效期内的，可以不用重复检疫。

12. 涉及产品质量安全的法规解读

(1)《畜牧法》

第五十条 养蜂生产者在生产过程中，不得使用危害蜂产品质量安全的药品和容器，确保蜂产品质量。养蜂器具应当符合国家标准和国务院有关部门规定的技术要求。

(2)《养蜂管理办法（试行）》

第二十二条 巢础等养蜂机具设备的生产经营和使用，应当符合国家标准及有关规定。

禁止使用对蜂群有害和污染蜂产品的材料制作养蜂器具，或在制作过程中添加任何药物。

解读：国家对食品安全高度重视，养蜂生产者在生产过程中要严格执行国家及农业部的有关标准和规定，不得使用危害蜂产品质量安全的药品，确保蜂产品质量。养蜂器具应当符合国家技术规范的强制性要求。

13. 涉及蜜蜂蜇人的法规解读

《中华人民共和国侵权责任法》

第七十八条 饲养的动物造成他人损害的，动物饲养人就当承担侵权责任，但能够证明损害是被侵权人故意或者重大过失造成的，可以不承担或减轻责任。

在《中华人民共和国侵权责任法》配套规定注解版中，对第七十八条规定作了注解：饲养的动物，是指人工饲养、放养和管束的动物，也包括驯养的野兽，但不包括昆虫和微生物。

解读：虽然《中华人民共和国侵权责任法》配套规定注解版的内容，为养蜂人免除蜜蜂蜇人责任提供了法律的依据，但在外地放蜂时发生的蜇人事件，会给自己带来很多麻烦，因此放蜂场地应尽量远离人群，不要靠近路边，同时蜂场要竖立“蜜蜂蜇人，请勿靠近”的警示牌。有外人靠近时，要给予劝阻，同时要准备一些抗过敏的药物。对发生严重过敏者，要及时送医院治疗。

参 考 文 献

陈盛禄，2001. 中国蜜蜂学［M］. 北京：中国农业出版社.
葛凤晨，2011. 中国畜禽遗传资源志．蜜蜂志［M］. 北京：中国农业出版社.
匡邦郁，2003. 蜜蜂生物学［M］. 昆明：云南科技出版社.
梁勤，2012. 中蜂科学饲养技术［M］. 北京：金盾出版社.
梁勤，2014. 蜜蜂病害与敌害防治［M］. 北京：金盾出版社.
罗岳雄，1999. 中蜂饲养技术［M］. 广州：广东经济出版社.
罗岳雄，2018. 中蜂生态养殖技术［M］. 广东：广东科技出版社.
徐万林，1992. 中国蜜粉源植物［M］. 哈尔滨：黑龙江科学技术出版社.
徐祖荫，2015. 中蜂饲养实战宝典［M］. 北京：中国农业出版社.
张中印，2013. 中蜂饲养手册［M］. 郑州：河南科学技术出版社.
周丹银，2008. 云南中蜂科学饲养［M］. 昆明：云南科技出版社.

图书在版编目（CIP）数据

中蜂高效饲养技术/罗岳雄主编．-- 2版．--北京：中国农业出版社，2025．5．--（科普惠农实用技术丛书）．-- ISBN 978-7-109-33180-8

Ⅰ．S894.1

中国国家版本馆CIP数据核字第2025B0485B号

中蜂高效饲养技术

ZHONGFENG GAOXIAO SIYANG JISHU

中国农业出版社出版

地址：北京市朝阳区麦子店街18号楼

邮编：100125

责任编辑：王森鹤

版式设计：杨　婧　　责任校对：张雯婷

印刷：中农印务有限公司

版次：2025年5月第2版

印次：2025年5月北京第1次印刷

发行：新华书店北京发行所

开本：787mm×1092mm　1/32

印张：8.75

字数：166千字

定价：25.00元
